事例で学ぶ

実務者のための統計解析

野口 博司 著

森北出版

はじめに

本書は，著者が長年（約半世紀）にわたって市場調査・商品開発・品質管理・改善活動などの分野で体験した統計解析を事例としてまとめました．ご自身の課題に近い事例を参照し，手順どおりに計算すればよいように工夫することで，実務に役立つことだけでなく，統計学の考え方がわかることを追求しています．事実に基づく確かな意思決定ができる道具である統計学をスキルにして，**産業界で活躍したい，販売，製造，研究開発，品質管理などのさまざまな業務の方々のため**の書籍です．

近年のコンピュータの進歩により統計学はめまぐるしい発展を遂げ，応用分野が広がっています．なかでも，ビッグデータ解析やベイズ統計学によるデータ解析は，将来の可能性を予測できることから注目されてきました．しかし，その将来に向けての方策展開の検討には，目前の現場の問題などの現状把握がしっかりとできていることが前提です．そのこともあり，最近はその現状把握のための統計学が見直されてきています．

そこで本書では，**現場の現状把握に役立つ統計学**の内容を充実させました．たとえば，

- 低い不良率からのさらなる改善効果を検証するために用いる**ロジット変換**
- 測定が難しい特性を出来栄え順などに置き換えて行う**ノンパラメトリック検定**
- ある特性に大きく寄与する要因を発見するための**実験計画法**

などです．著者が会社員時代に統計学を学び活用するのに苦労した点を鑑みて，読者の方にわかりやすく活用しやすい統計解析の取扱説明書となるように工夫しました．

その特長は以下のとおりです．

(1) 「機械学習を含む多変量解析」と「ベイズ統計学」は他の専門書に委ねますが，その他の統計学の範囲である「データと確率分布」「パラメトリック検定」「ノンパラメトリック検定」「実験計画法 — 完備型と直交配列表 — 」「回帰分析」を詳しく解説しています．本書一冊で，現場の問題解決に役立つ統計学全貌の基本が学べます．

(2) 統計学の数理理論的な考え方は，「事例」の解答手順に従って計算を進めることにより容易に理解できます．

(3) 実際の現場の活用場面が想定しやすいように，身近な現場の「事例」を数多く集めています．

(4) 各章の重要事項を簡潔に章末にまとめ，読み飛ばしても差し支えのない箇所は **発展** と

して明確に区分しています．したがって，順を追わなくてもやさしく学んでいけます．

(5) 具体的な計算にはExcelの「データ分析」ツールを活用できるので，付録に「データ分析」アドインを登録する方法を記載しています．データ分析の「回帰分析」を用いれば，直交配列表による要因解析が容易にできることを解説しています．

最後になりましたが，森北出版 第二出版部の藤原祐介氏からは，わかりやすく現場で使いやすくという視点から数多くの有益なアドバイスをいただきました．また，大阪大学の石井博昭名誉教授からは，必要な数理事項の選択の助言をいただきました．残念ながら石井先生は，本書作成中にご逝去されました．心からご冥福をお祈り申し上げます．

お二人には深く感謝いたします．

2023年7月　野口博司

目　次

データ

販売管理，製造管理，とくに品質管理では，事実に基づく管理を重視します．事実を客観的に把握するためには，調べる対象の集団を構成している個体を調査，観測してデータにします．本章では，そのデータの種類や尺度，取り方やまとめ方などについて解説します．

統計学は，これらのデータから，その集団の特徴などを具体的な数字で表し，その裏に潜む規則などを発見・確認するための道具となるのです．

1.1 種類と尺度

1.1.1 データの種類

表 1.1 は，商業施設で喫茶店を営むチェーン店の全店の概要を調査した結果の一部です．表の左端にある「店 No.」の列は調査対象の店を示しており，これを**個体**（**サンプル**）とよびます．「商業施設のタイプ」「店舗デザイン」「店の広さ [m^2]」などの各項目は，個体ごとにデータが変化するので，**変数**とよばれます．

データは，その種類により次のように分類されます．

- **質的データ**：定性的なもの
  例：変数 1「商業施設のタイプ」，変数 2「店舗デザイン」
- **量的データ**：数値で表されるもの
  - **計量値データ**：量を測って得られるもの（連続量）
    例：変数 3「店の広さ [m^2]」

表 1.1　商業施設で喫茶店を営むあるチェーン店の全店のデータ

店 No.	変数 1	変数 2	変数 3	変数 4	変数 5	変数 6	変数 7
	商業施設のタイプ	店舗デザイン	店の広さ [m^2]	店長の性別	店員人数	顧客満足度	売上高 [百万円/年]
1	デパート	洋風	35	女性	3	4.0	43
2	ショッピングセンター	洋風	40	女性	3	3.8	38
3	ショッピングセンター	洋風	53	男性	4	3.5	45
4	デパート	和風	38	女性	3	4.0	52
5	ショッピングセンター	和洋折衷	70	男性	6	4.2	64
⋮	⋮	⋮	⋮	⋮	⋮	⋮	⋮
40	ショッピングセンター	和洋折衷	68	男性	5	3.0	58

－**計数値データ**：数を数えて得られるもの（離散値）
　例：変数5「店員人数」

統計学では，これらの質的データと量的データの両方を扱います．量的データはそのまま統計処理できますが，質的データは処理ができないので数値変換が必要となります．

事例 1.1　質的データの数値変換
表1.1の「店長の性別」「店舗デザイン」の質的データを数値変換します．

解答　「店長の性別」は「女性」と「男性」の2分類なので，**表 1.2**(a)のように変数4を「店長の性別・女性」と変更し，

該当する（女性）　：1
該当しない（男性）：0

とします．この数値化したデータの値1をカウントすれば「女性」の数がわかり，残りの「男性」の数もわかります．

「店舗デザイン」のように，「洋風」「和風」「和洋折衷」の3分類に及ぶ場合は，表(b)のように，変数名2(1)「店舗デザイン・洋風」と変数名2(2)「店舗デザイン・和風」の2つにします．これにより，2つの変数(変数2(1), 変数2(2))を用いて，

店舗デザイン・洋風　　：$(1,0)$
店舗デザイン・和風　　：$(0,1)$
店舗デザイン・和洋折衷：$(0,0)$

と表すことができ，$(1,0)$, $(0,1)$, $(0,0)$の数を数えれば「店舗デザイン」の3分類の数が求まります．□

表 1.2　質的データを統計処理できるように数値へ変換する方法

(a)

店 No.	変数4
	店長の性別・女性
1	1
2	1
3	0
4	1
5	0
⋮	⋮
40	0

(b)

店 No.	変数2(1)	変数2(2)
	店舗デザイン・洋風	店舗デザイン・和風
1	1	0
2	1	0
3	1	0
4	0	1
5	0	0
⋮	⋮	⋮
40	0	0

1.1.2 データの尺度

データには次の4つの尺度があり，物事の評価や判断の際の「ものさし」や「基準」になります．

- **名義尺度**（categorical scale）

  例：電話番号「666-7777」，性別「女性」

  単に命名，分類のために用いられる．データ処理をするには，表1.2のように数値変換する必要がある．

- **順位尺度**（ordinal scale）

  例：ダイヤモンドの輝きの順，ネクタイの好みの順

  $1, 2, 3, \ldots, k$ のように順位で表される．数値は序列を示し，数える以外にも，より大きい／より小さいという関係をもとにした統計的手法が活用される．順位尺度は，その差の情報はもたないので，1位と2位が僅差か大差かどうかは表せない．

- **間隔尺度**（interval scale）

  例：硬さ，温度

  順位だけでなく，差も定量化したもの．2つの数値間の間隔には意味があるが，原点はない（温度には0℃があるが，0℃でも温度がないわけではないので，原点ではない）．加減に基づいた統計処理が可能だが，乗除には意味がない．

- **比尺度**（ratio scale）

  例：重量，長さなどの多くの物理量，売上高

  間隔尺度で，かつ0に意味がある尺度．各数値は原点（0値）からの間隔（距離）を表す．統計処理では，四則演算が可能．

事例 1.2　**データ表の変数の尺度分類**

表 1.1 のそれぞれの変数がどの尺度に該当するか分類します．

解答

- 名義尺度：変数1「商業施設のタイプ」の「デパート」など
  変数2「店舗デザイン」の「洋風」など
  変数4「店長の性別」の「女性」など
- 比尺度：変数3「店の広さ [m^2]」の「35」など

変数5「店員人数」の「3」など
変数6「顧客満足度」の「4.0」など[†1]
変数7「売上高 [百万円/年]」の「43」など
順位尺度と間隔尺度はありません. □

1.2 標本調査とサンプリング

調査対象の個体すべてからなる集団を**母集団**, 母集団の情報を示す特性値（平均や分散など）を総称して**母数**（parameter）とよびます. しかし, **全数調査**（個体をすべて調査すること）を行うことは一般に困難なので, 母集団の一部の個体を抽出して調査する**標本調査**が行われます. このとき, 一部抽出された個体のことを**標本**（サンプル）, 個体の数を**標本の大きさ**, 個体の集団を**標本集団**とよびます. 標本調査では, 標本集団から得られた特性値（母数と区別して, **統計量**（statistic）とよびます）から母集団の情報を推測します[†2].

製品を1000個製造してその強度を調べたい場合, 1000個すべての集まりが母集団, 1000個の製品強度を測定して後述の平均値を計算した値が母数（母平均）です. 1000個の中から一部である100個を選び出した製品の集まりが標本集団, 100個の製品強度から計算した平均値が統計量です. この統計量から母数を推測します.

このように一部の個体の標本から母集団の情報を推測するので, 標本集団の個体は, 母集団を満遍なく代表している必要があります. 母集団を構成している個体の

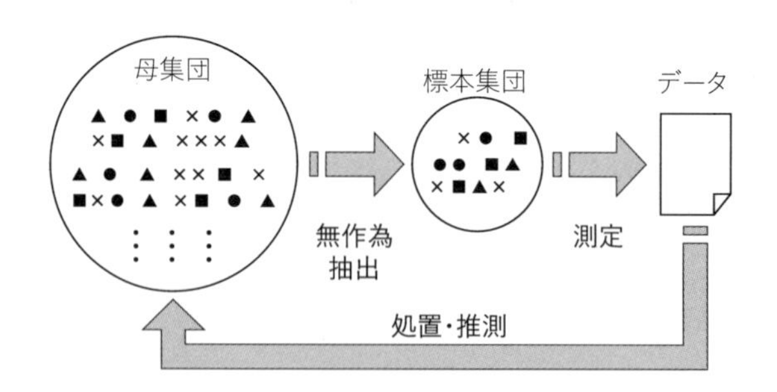

図 1.1 母集団と標本集団との関係

†1 顧客満足度を10.0点満点の4.0点と評価するなら比尺度,「満足（2点）, やや満足（1点）, 普通（0点）, やや不満（−1点）, 不満（−2点）」のように5段階評価すれば間隔尺度になります.
†2 標本集団から計算した平均や分散などから母数を推測する学問を, **推測統計学**といいます.

要素を等確率で抽出し，標本集団をつくる抽出法を**無作為抽出** (random sampling) とよび，抽出された標本を**ランダムサンプル** (random sample) とよびます (**図 1.1**).

事例 1.3　番号カードを用いた無作為抽出

ある製品 5000 個を母集団として，母集団から 100 個の製品をランダムに選び，その標本集団から製品の平均重量を測定します.

解答　無作為抽出の手順は，たとえば以下のようになります[†].

1. 5000 個の製品に 0001 から 5000 までの番号をふる
2. 0001 から 5000 までの数字を書いたカードを用意し，1 つの箱の中に入れてよくかき混ぜる
3. 箱から 100 枚のカードを取り出し，カードに記入されている数と同じ番号の製品を標本とする

この 100 個の重量を量って平均を計算すると，母集団の平均に近い値が求められます.　□

標本調査では，無作為抽出で得られた標本を用いて調査します．しかし，製造現場の製品検査などにおいて，すべてを無作為にすることが難しい場合には，現場の実状に合わせた別のサンプリング方法を行います.

- **集落サンプリング**：いくつかの集落から 1 つの集落（市町村など）を無作為に選び，選んだ集落の全個体を調査
- **2 段サンプリング**：複数のラインが設置されている工場で，一部のラインを無作為抽出し，さらにそれらのラインの製品を無作為に抽出する，というように，2 段にして調査
- **層別サンプリング**：母集団が異質な部分によって構成されているとき，異質な部分ごとに母集団を分類し，各層から無作為抽出して調査
- **系統サンプリング**：工場のラインでの無作為抽出が非常に困難な場合に，順に並んだ製品を一定間隔ごとにサンプリングして調査する．ただし，間隔をいくつかに分けてサンプリングして周期性がないことを確認しておくこと

† 乱数表を用いる方法もあります．そちらは 7.1.2 項で紹介します.

カットしたマグロの尾の脂肪分の広さを用いてマグロの格付けをするように，何らかの明確な判断基準により行うサンプリングを**有意サンプリング**といいます．このような有意サンプリングは固有技術に基づいた判断基準なので，統計学で扱うサンプリング方法ではありません．

1.3 データのまとめ方（基本統計量）

標本集団の特徴を捉えるために，標本データから集団の中心的な位置や，どれくらいばらついているかを基本統計量としてまとめるのがデータ処理の基本です．事例1.4と事例1.5とで実際に計算してみましょう．

1.3.1 中心的な位置を示す統計量

n 個の標本の計量値データを $x_1, x_2, \ldots, x_n$ とするとき，**中心的な位置を示す統計量**には次のものがあります．

- **平均**（ミーン，mean）$\overline{x}$

$$\overline{x} = \frac{x_1 + x_2 + \cdots + x_n}{n} = \frac{1}{n}\sum_{i=1}^{n} x_i \tag{1.1}$$

- **中央値**（メディアン，median）$\widetilde{x}$

$$\widetilde{x} = (\text{データの大きさの順に並べた場合の中央の値}^{\dagger}) \tag{1.2}$$

- **最頻値**（モード，mode）x_M

$$x_M = (\text{データの出現分布において一番よく現れるデータの値}) \tag{1.3}$$

事例 1.4　**平均 $\overline{x}$，中央値 $\widetilde{x}$，最頻値 x_M の求め方**

取引先11社におけるA社の顧客満足度評価点が**表1.3**のように得られました．A社の顧客満足度の中心的な位置を求めます．

表1.3　A社の顧客満足度

No.	1	2	3	4	5	6	7	8	9	10	11	合計
x	10	7	8	5	6	7	8	6	7	4	9	77

† データ数が偶数個の場合は，中央の2つの値の平均値．

解答

- 平均：式 (1.1) より

$$\overline{x}=\frac{10+7+8+5+6+7+8+6+7+4+9}{11}=\frac{77}{11}=7.0$$

- 中央値：データを大きい順に並べることで

$$(10,\ 9,\ 8,\ 8,\ 7,\ \textcircled{7,}\ 7,\ 6,\ 6,\ 5,\ 4)\quad \text{より}\ \widetilde{x}=7$$

- 最頻値：データ中では 7 が 1 番多く現れていることから，$x_M=7$

となります． □

これら 3 つの統計量の使い分けを，**図 1.2** を用いて説明します．

図の横軸は 1 所帯の所得金額の階級を表し，右にいくほど所得金額は大きくなります．縦軸は，その階級に含まれる所帯が全体のなかでどのくらいの割合かを表し，背の高い階級ほど，その階級に含まれる所帯数が多いことを示します．調査結果から，

- 年間所得金額の平均：552.3 万円
- 中央値：437 万円
- 最頻値：200〜300 万円

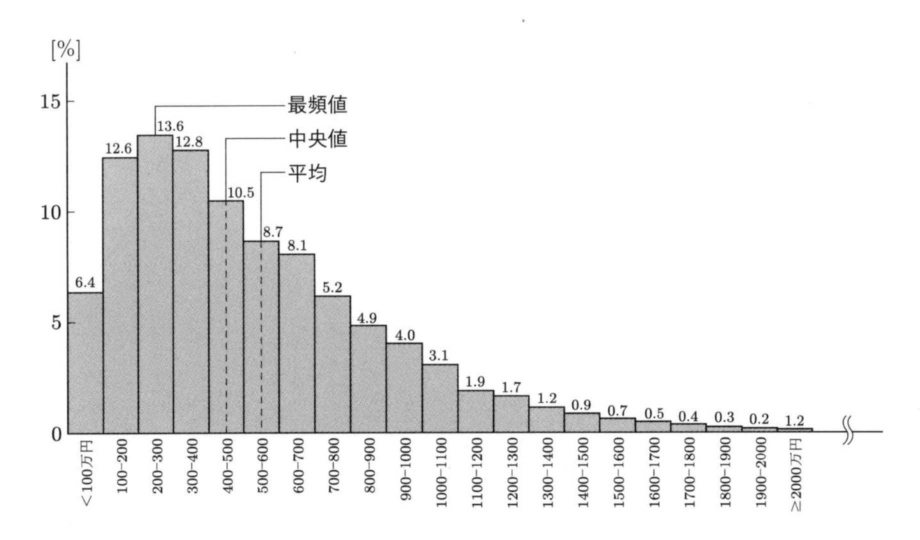

図 1.2 年間所得金額の階級別所帯数の相対度数分布 [1)]
（厚生労働省「2019 年国民生活基礎調査の概況」p.10 の図 9 より）

となっています．

平均がこれら3つの統計量のなかでもっとも右側にあり，もし平均だけが所帯所得の中心的な位置を示す代表値として国民に知らされたのなら，平均を下回る所帯数が多いため納得しない人も多いでしょう．最頻値の200〜300万円の所得金額が代表値として報告されたのなら，その階級に所属する所帯が多いことから，多くの所帯が納得するでしょう．

母集団の代表値を推測する場合には，データの分布の形状を捉えてから，形状に応じた統計量を選ぶことになります．右側に尾を引く形状なら中央値や最頻値を代表とし，左右対称の形状なら平均を代表にします．

コラム1 [2]　標本調査は調査の経緯と内容をよく確認する

統計解析の結果はあらゆる施策の判断材料になるので，適切に導かないと施策に誤りが生じます．2019年に，厚労省による「毎月勤労統計調査」での不適切調査（不正統計）に端を発し，政府の統計不信が広がりました．この厚労省の不正の根幹部分は，全数調査を標本調査で代えようとしたのですが，標本調査の内容を確認せずに必要な補正をしなかったことです．

1.3.2　ばらつき度合いを示す統計量

標本データ $x_1, x_2, \ldots, x_n$ の**ばらつき度合いを示す統計量**には次のものがあります．

- **平方和**†（**偏差平方和**）S

$$S = \sum_{i=1}^{n}(x_i - \overline{x})^2 = \sum_{i=1}^{n}(x_i^2 - 2\overline{x}x_i + \overline{x}^2) = \sum_{i=1}^{n} x_i^2 - 2\overline{x}\sum_{i=1}^{n} x_i + n\overline{x}^2$$

$$= \sum_{i=1}^{n} x_i^2 - 2\frac{\sum_{i=1}^{n} x_i}{n}\sum_{i=1}^{n} x_i + n\left(\frac{\sum_{i=1}^{n} x_i}{n}\right)^2$$

$$= \sum_{i=1}^{n} x_i^2 - \frac{\left(\sum_{i=1}^{n} x_i\right)^2}{n} \tag{1.4}$$

平方和は，必ずこの式から求める

- **分散**（**不偏分散**，variance）V

$$V = \frac{S}{n-1} \tag{1.5}$$

† 平方和 S は**変動**とよばれ，標本集団の変化の大きさを示します．第6章以降の実験計画法では，全変動から各要因の変動を求める際には式(1.4)の末尾の式を用います．平方和 S は，この末尾の式から求めましょう．

分散は，平方和を $(n-1)$ で割って平均化します[†].

- **標準偏差**（standard deviation）s

$$s = \sqrt{V} \tag{1.6}$$

- **範囲**（レンジ，range）R

$$R = x_{max} - x_{min} \text{（データの最大値 } x_{max} \text{ と最小値 } x_{min} \text{ の差）} \tag{1.7}$$

分散 V の単位はデータの単位の 2 乗になるため，平均と同じ単位でばらつきの程度を示すのに，分散 V の平方根をとった標準偏差 s を用います．なお，範囲 R はデータの最大値と最小値の差なので，他のデータ群よりも大きく離れているデータが 1 つでもあれば，そのデータに大きく影響を受けます．また，データ数が多いほど最大値は大きく，最小値は小さくなる傾向があるので，範囲 R も大きくなります．したがって，範囲 R を用いる際には，必ずデータ数を考慮する必要があります．

一般に，統計量の信頼度はデータ数に依存するので，統計量を示す際には，必ずデータ数 n を表示します．

以降では，本書における $\sum_{i=1}^{n}$ ■ の式は，$\sum$ ■ のように省略して示します．

事例 1.5　**平方和 S，分散 V，標準偏差 s，範囲 R の求め方**

事例 1.4 における A 社の顧客満足度評価点のばらつき度合いを示す平方和 S，分散 V，標準偏差 s，範囲 R を求めます．

解答　**表 1.4** のように，各評価点 x の 2 乗 x^2 を求めます．

表 1.4

No.	1	2	3	4	5	6	7	8	9	10	11	合計
x	10	7	8	5	6	7	8	6	7	4	9	77
x^2	100	49	64	25	36	49	64	36	49	16	81	569

† 母集団の全データの平方和 S を全データ数 N で割れば，母集団の分散（母分散）$\sigma^2 = S/N$ になります．しかし，標本集団から計算した平方和 S を標本のデータ数 n で割った分散は，この母分散より小さくなることがわかっています．そこで統計学では，標本分散 $V = s^2$ を母分散 σ^2 に近付けるために，データ数より小さい $(n-1)$ で割ります．「分散 V は平方和 S を $(n-1)$ で割る」と覚えておきましょう．この $(n-1)$ のことを**自由度**とよびます．自由度の考え方については 1.4 節で解説します．

表より $\sum x = 77$, $\sum x^2 = 569$ なので,

- 平方和 S：式 (1.4) の末尾の式より,

$$S = 569 - \frac{77^2}{11} = 569 - 539 = 30$$

- 分散 V：式 (1.5) より,

$$V = \frac{30}{11 - 1} = 3.00$$

- 標準偏差 s：式 (1.6) より,

$$s = \sqrt{3.00} = 1.73$$

- 範囲 R：式 (1.7) より,

$$R = 10 - 4 = 6.00$$

となります．ばらつきの度合いは分散と標準偏差で示すことが多いです．□

コラム2　　品質管理では，「ばらつきを小さくすること」が基本的な仕事です！

魚釣りの糸のメーカーに「よく糸が切れる」というクレームが多数届きました．メーカーは糸の強度が低いと考えて強度の平均の向上に努めましたが，クレームは減りませんでした．確かに平均は向上したのですが，強度のばらつきは改善されていなかったのです．糸は弱いところで切れます．ばらつきが大きいと弱いところが残ったままなので，糸切れは減りません．

製品品質は必ずばらつきます．品質管理では，ばらつき自体は避けられないものとして，まずばらつきの度合いを知り，そのばらつきを許される範囲に抑え込むことが基本となります．

1.4 自由度 発展

自由度 (degrees of freedom) $\nu = n - 1$ は，文字どおり自由に動くことのできるデータの個数を示します．5つのデータ x_1, x_2, x_3, x_4, x_5 があり，何も制約がなければ，5つのデータは自由な値をとれるので自由度は5です．ところが，たとえば平均が10という制約があれば $(x_1 + x_2 + x_3 + x_4 + x_5)/5 = 10$ となり，5つのデータのうちの4つの値が決まると残りのデータの値は決まるので，この場合の自由度

は $5-1=4$ となります．同様に，n 個の各データ $x_1, x_2, \ldots, x_i, \ldots, x_n$ から平均 $\overline{x}$ を引いた各偏差の和は $\sum(x_i - \overline{x}) = 0$ なので，$n-1$ 個の偏差の値が決まると残りの偏差の値が決まります．したがって，その偏差の平方和 $S = \sum(x_i - \overline{x})^2$ がもつ情報のデータ数は，自由度の $(n-1)$ となります．

分散 V は偏差平方和 S から求めます．平方和 S がもつ情報のデータ数に合わせて，式 (1.5) のように S を自由度 $(n-1)$ で割ります．

また，標本の推定量が母数に一致するという性質を**不偏性**とよびます．偏差平方和 S を $(n-1)$ で割った分散 V は母分散 σ^2 に一致するため，不偏分散とよばれます．

このように，データから計算した統計量から偏りなく母数を推定するには，統計量がもつ情報のデータ数である自由度の考え方が必要になります．

1.5 データの見える化

1.5.1 一般的なグラフ

表 1.5，**表 1.6** のデータを見える化します．何に注目するかによって，いろいろなグラフが用いられます．

- 項目や現象別の多少：**棒グラフ**（例：**図 1.3**）
- 数値データの時間変化と現象の増減：**折れ線グラフ**（例：**図 1.4**）
- 各項目が全体に占める割合：**円グラフ**（例：**図 1.5**）
- 全体に対する同一項目の割合：**帯グラフ**（例：**図 1.6**）
- 項目間のバランス：**レーダーチャート**（例：**図 1.7**）

表 1.5　各種グラフ（図 1.3～図 1.6）の元データ

	4月	5月	6月	7月	8月	9月	半期売上高
商品 A	250	350	370	400	420	450	2240
商品 B	180	160	120	110	120	90	780
商品 C	70	90	80	70	80	90	480

（万円）

表 1.6　レーダーチャート（図 1.7）の元データ

	経済性	デザイン	品質	知名度	新規性
商品 A	5	3	3	5	2
商品 B	4	4	4	3	4
商品 C	2	5	5	2	5

表1.6のように，各商品の評価単位がそろっている場合には，**レーダーチャート**を描くと各商品の強み・弱みなどの特徴を浮き彫りにできます．

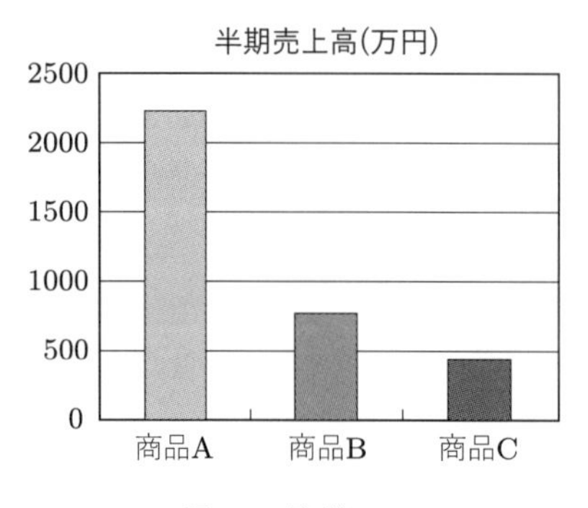

図 1.3　棒グラフ

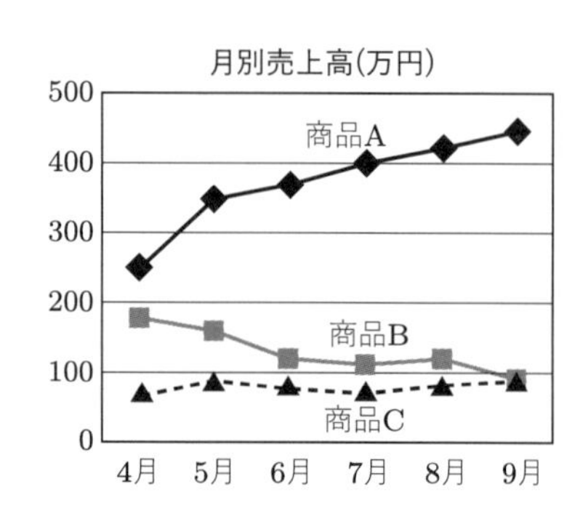

図 1.4　折れ線グラフ

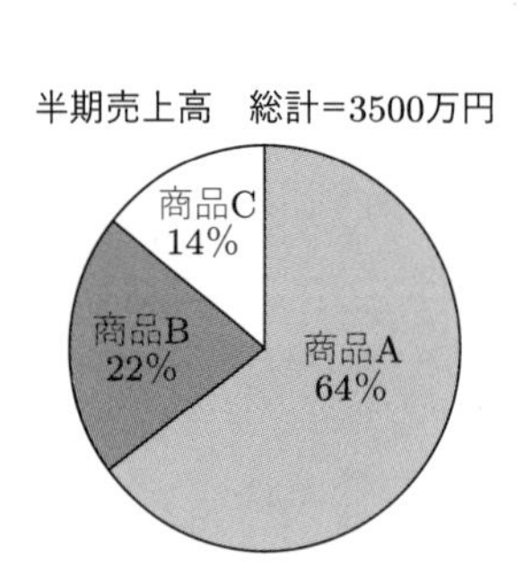

図 1.5　円グラフ

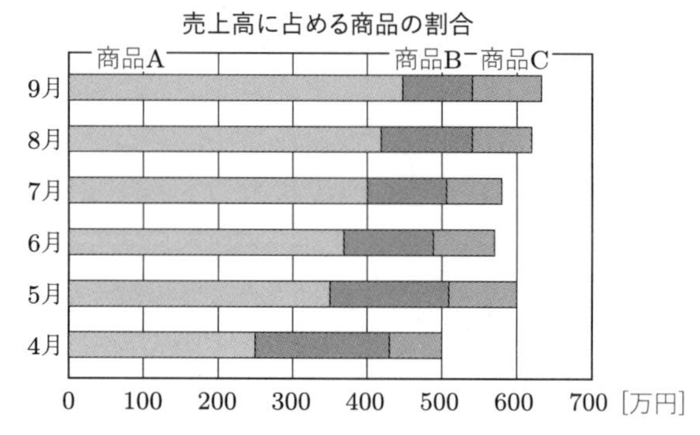

図 1.6　帯グラフ

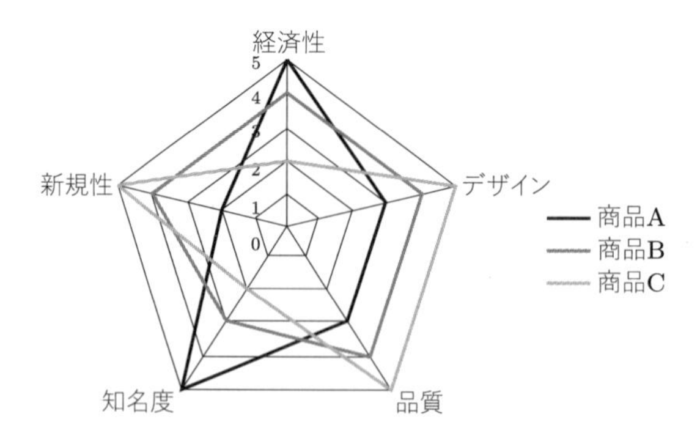

図 1.7　レーダーチャート

ほかにもいろいろな種類のグラフがあります．各種グラフを用いることで，データが言わんとしていることを見える化できます．

1.5.2 ヒストグラム

ヒストグラム（histgram）は，標本データの出現（頻）度数を表した図です．各矩形はある幅をもち，それぞれの矩形の面積が**度数**（各階級に該当するデータの個数）に比例するという特徴があります．データのばらつきの状態が一目で見られるので，販売管理では売上高，品質管理では製品強度や部品の寸法などのばらつきの状態を見て，販売力や製造力の安定性を確認します．

事例 1.6　ヒストグラムの作成

表 1.7 は，レストラン A の 40 日間の売上高を示したデータです．このデータから売上高の状況を表すヒストグラムを作成します．

表 1.7　レストラン A の 40 日間の売上高（万円/日，データ数 $n=40$）

日	1	2	3	4	5	6	7	8	9	10	11	12	13	14	15	16	17	18	19	20
売上高 x	41	27	16	14	33	29	30	37	36	28	26	21	11	19	31	32	42	36	29	19
日	21	22	23	24	25	26	27	28	29	30	31	32	33	34	35	36	37	38	39	40
売上高 x	23	23	26	35	45	27	26	5	19	39	16	23	22	19	22	29	28	36	27	33

データの計：$\sum x = 1080$，(データ)^2 の計：$\sum x^2 = 32136$

解答

手順 1　階級を分類する

おおよその階級の数を $\sqrt{n}$ から導きます．$n=40$ より，$\sqrt{40}=6$〜7 となります．ここでは階級数を奇数の 7 として，階級の中心が真ん中にくるようにします．

手順 2　1 階級の区間幅を決める

データの最大値 $x_{\max}=45$ と最小値 $x_{\min}=5$ から範囲を求め，それを階級数 7 で割ります．範囲 $x_{\max}-x_{\min}=45-5=40$ なので，40 を 7 で割って，区間幅は $40 \div 7 \fallingdotseq 5.7 \fallingdotseq 6.0$ とします．

手順 3　最初の階級のスタートの値を決める

データは 1 万円の単位で表されているので，最小値の $x_{\min}=5$ が最初の階級に入るように，$5.0-1.0/2=4.5$ とします．この 4.5 に区間幅 6.0 を加え，第 1 階級を 4.5〜10.5 とします．第 2 階級も区間幅 6.0 を加えて，10.5〜16.5 とします．以下順に階級を決めていき，最終の第7階級は40.5～46.5とします．

手順1～3から，**表1.8**のような「階級」「階級値」が定まります．

手順4　データを分類する

表の階級分類に従って，表1.7の40個のデータの値を該当階級別に分類します．該当階級への分類には，表1.8の集計欄に「/」と示した記号を用いて数え，その値を度数の欄に入れます．

手順5　相対度数を求める

相対度数とは，全度数に対する該当度数の比率です．たとえば，第2階級の度数は4なので，相対度数は$4 \div 40 = 0.100$となります．

手順6　累積度数と相対度数を求める

累積度数は，その階級にいたるまでの度数の合計を表し，第2階級の累積度数は5です．**累積相対度数**は，累積度数の全度数40に対する比率なので，第2階級の累積相対度数は$5 \div 40 = 0.125$となります．

このようにして作成された表1.8を**度数分布表**（frequency table）とよびます．この度数分布表から，横軸に7つの階級を並べ，縦軸にそれぞれの階級の度数を示した矩形を描くと，**図1.8**のようなヒストグラムができます．

ヒストグラムから，1日あたりの売上が22.5～28.5万円の日がもっとも多いことがわかります．分布の形状は，ほぼ左右対称な一山になっています．そして，40.5万円以上売れる日が3日あり，逆に10.5万円以下しか売れない日も1日あったことな

表1.8　レストランAの40日間の売上高の度数分布表

	階級	階級値	度数	相対度数	累積度数	累積相対度数	集計欄
1	4.5～10.5	7.50	1	0.025	1	0.025	/
2	10.5～16.5	13.50	4	0.100	5	0.125	////
3	16.5～22.5	19.50	7	0.175	12	0.300	////̶ //
4	22.5～28.5	25.50	11	0.275	23	0.575	////̶ ////̶ /
5	28.5～34.5	31.50	8	0.200	31	0.775	////̶ ///
6	34.5～40.5	37.50	6	0.150	37	0.925	////̶ /
7	40.5～46.5	43.50	3	0.075	40	1.000	///
			40	1.000			

手順1～3（階級・階級値）　手順4～6（度数～集計欄）

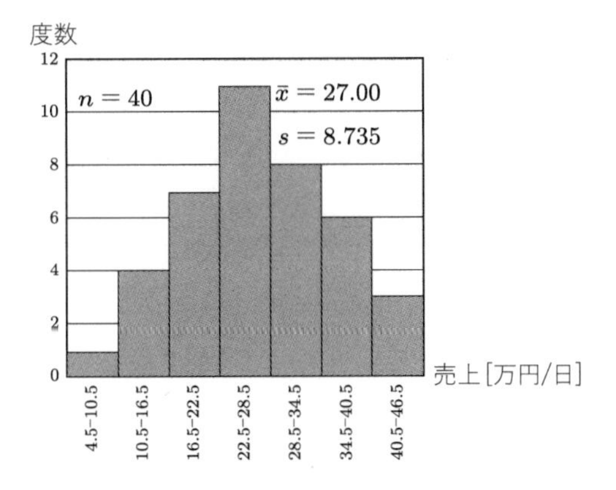

図 1.8　レストラン A の 1 日の売上高のヒストグラム

どが一目瞭然です.

平均は, 式 (1.1) から 1080/40=27.00 万円です. 式 (1.4)〜(1.6) から $S = 2976$, $V = 76.31$ より, 標準偏差は $s = \sqrt{V} = 8.735$ 万円となります. なお, 作成したヒストグラムには, データ数 $n = 40$ とともに, この平均と標準偏差の値を示します.

□

ヒストグラムの山の形からデータの分布の中心を判断し, ヒストグラムの横の広がりからばらつきの大きさを捉えます. **図 1.9** に, 自動車部品の規格寸法から描いたヒストグラムの代表的な山の形を示します.

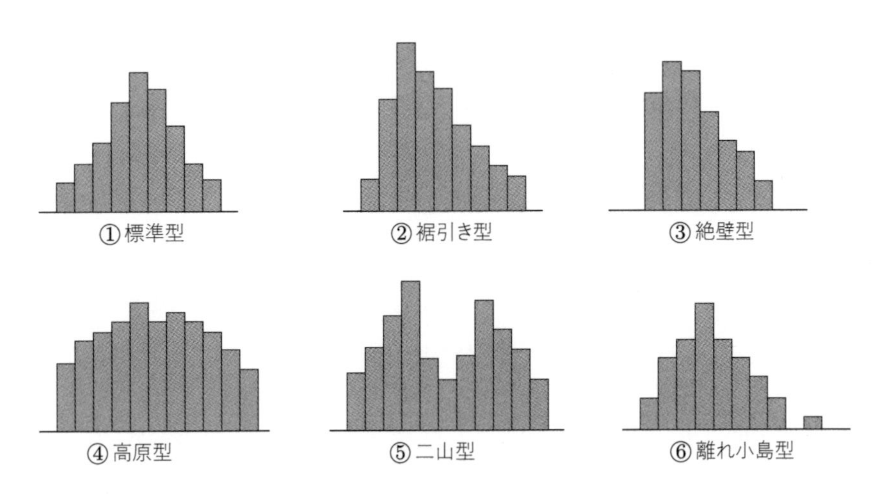

図 1.9　ヒストグラムの山の形

それぞれのヒストグラムの特徴を以下に示します.

①**標準型**：中心付近が高く，ほぼ左右対称

規格寸法において問題がない場合や，工程が安定状態にあるときの寸法分布に見受けられる．もっともよく現れ，この形から正規分布（→ 2.2.1 項 (1)）が誕生した.

②**裾引き型**：平均が分布の中心より偏り，左右が非対称

規格などでデータの下限側が制限されているときに現れる．また，図 1.2 の所帯の年間所得金額のように，高所得者のばらつきが大きい場合には，これに近い分布となる.

③**絶壁型**：片側が絶壁のようになっている形

規格値外のものを全数選別して取り除いたときなどに現れる．その場合は，取り除いたデータも入れて描いたヒストグラムが①の標準型になるかを確認する．測定データにごまかしがある場合にも現れるので注意が必要.

④**高原型**：各区間の度数があまり変わらない

平均が異なるいくつかの分布が入り混じった場合に現れる．このような場合は，2 つもしくは複数の平均の異なる分布を分類して，個々のヒストグラムを描いて確認する必要がある.

⑤**二山型**：分布の中心付近の度数が少なく，左右に山ができた形

平均の異なる 2 つの分布が混じっているときに現れる.

⑥**離れ小島型**：分布の左側または右側に離れた小さい山がある形

値が離れたデータがあったり，異常データが一部混入したりしているときに現れる．小島のデータが測定ミスによるものなら，そのデータを外して再度ヒストグラムを描けばよいが，そうでなければ，そのデータの履歴を調べる必要がある（データの採取時期が異なっていたり，測定機器が変わっていないかなど).

図 1.10 に，製品特性のヒストグラムと製品合格規格値（上限値と下限値）との関係を示します．図 (a) は製品規格内にヒストグラムが入り，不良の規格外れがない良好な状態です．図 (b)～(d) はいずれも問題のある状態ですが，そのなかでもどれが比較的好ましい状態で，どれがもっとも厄介な状態でしょうか？

まだ比較的好ましい状態は図 (d) です．この状態は，上限での規格外れが多いですが，ばらつきが十分に小さいので，次に製造する際には製品特性の平均値を小さめに設定すれば，ヒストグラムは規格内に入り，規格外れは解消できます．製品特

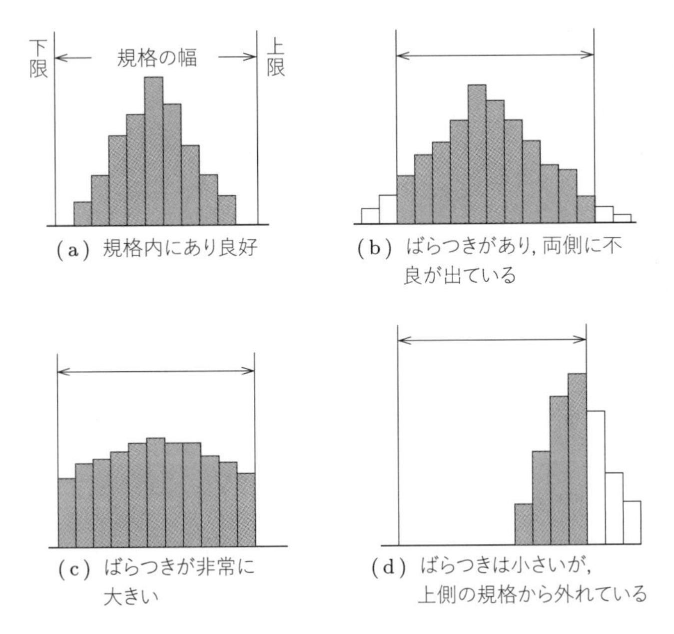

図 1.10　ヒストグラムの山の形と合格規格との関係

性値の平均値を修正することはそれほど難しくありません．

逆に，一番厄介なのは図(c)です．ばらつきが非常に大きいので，製品特性の平均値が少しでもずれると大量の規格外製品が発生する危険をはらんでいます．

品質管理では，コラム2で述べたように，ばらつきが大きいことは非常に大きな問題です．そこで，このばらつきの大きさに注目して，製造工程の能力を推し量る指標として，**工程能力指数**があります．次節では，この工程能力指数について説明します．

1.6 工程能力の評価

工程能力とは，「ある工程がどれだけ均一に，どれだけばらつきを小さくして製品をつくれるか」であり，その工程が均一な製品をつくれるとき，「工程能力がある」といいます．その考えをもとに，製品品質の計量値データのばらつきの大きさに応じて定められた工程能力を評価する方法があります．

1.6.1 工程能力指数

工程データのヒストグラムが標準型（正規分布）だと仮定します．このとき，**工程能力指数** C_p（PCI：process capability index）は，それぞれの設定の合格規格に対して以下の式 (1.8)〜(1.11) で定義されます．それらの式から C_p 値を具体的に求めるには，定義式の母標準偏差 σ の代わりに標準偏差 s を，母平均 μ の代わりに平均 $\overline{x}$ を用います†．また，各式に示した S_U は上側規格（upper specification），S_L は下側規格（lower specification）です．

- 下側規格のみが存在する場合：下側 $C_p = \dfrac{\mu - S_L}{3\sigma} \fallingdotseq \dfrac{\overline{x} - S_L}{3s}$　(1.8)
- 上側規格のみが存在する場合：上側 $C_p = \dfrac{S_U - \mu}{3\sigma} \fallingdotseq \dfrac{S_U - \overline{x}}{3s}$　(1.9)
- 両側に規格が存在する場合 (1)：$C_p = \dfrac{S_U - S_L}{6\sigma} \fallingdotseq \dfrac{S_U - S_L}{6s}$　(1.10)
- 両側に規格が存在する場合 (2)：$C_{pk} = \min(\text{上側 } C_p, \text{下側 } C_p)$　(1.11)

C_p 値の大きさによって，規格内にある製品が安定的につくれるのか，不安定で工程改善が必要なのかを判断します．一般に，両側に規格が存在する場合の工程能力指数を用いることが多いので，式 (1.10) の工程能力指数を詳しく説明します．

式 (1.10) の工程能力指数 C_p は，分子に製品の上側規格値 S_U と下側規格値 S_L の差である範囲を置き，分母に 6σ を置きます．**図 1.11** は，この式 (1.10) に該当する製品特性の分布に対し，上側規格値と下側規格値がどの位置にあると C_p 値がどれくらいになるのか，また規格外れの不良品がどれくらい発生するのかを表す不良発生率との関係を示しています．

1.6.2 C_p 値から工程能力を評価する基準

工程能力指数 C_pから工程能力を評価するには，上側規格値 S_U が $\mu + 3\sigma$，下側規格値 S_L が $\mu - 3\sigma$ のときに $C_p = 1.00$ となるのを基準にして（式 (1.10)），次の評価基準が設けられています．

- $C_p \geq 1.67$：工程能力が高く，管理や検査の簡略化も可能
- $1.67 > C_p \geq 1.33$：工程能力があり，重点管理や検査の合理化も検討可能
- $1.33 > C_p \geq 1.00$：工程能力はあるが不十分．工程管理を継続する必要あり
- $1.00 > C_p$：工程能力不足であり，工程解析と工程改善が必要

† 母集団の標準偏差，平均をそれぞれ母標準偏差，母平均といいます．同様に，「母」と付しているものは，母集団における値を表します．

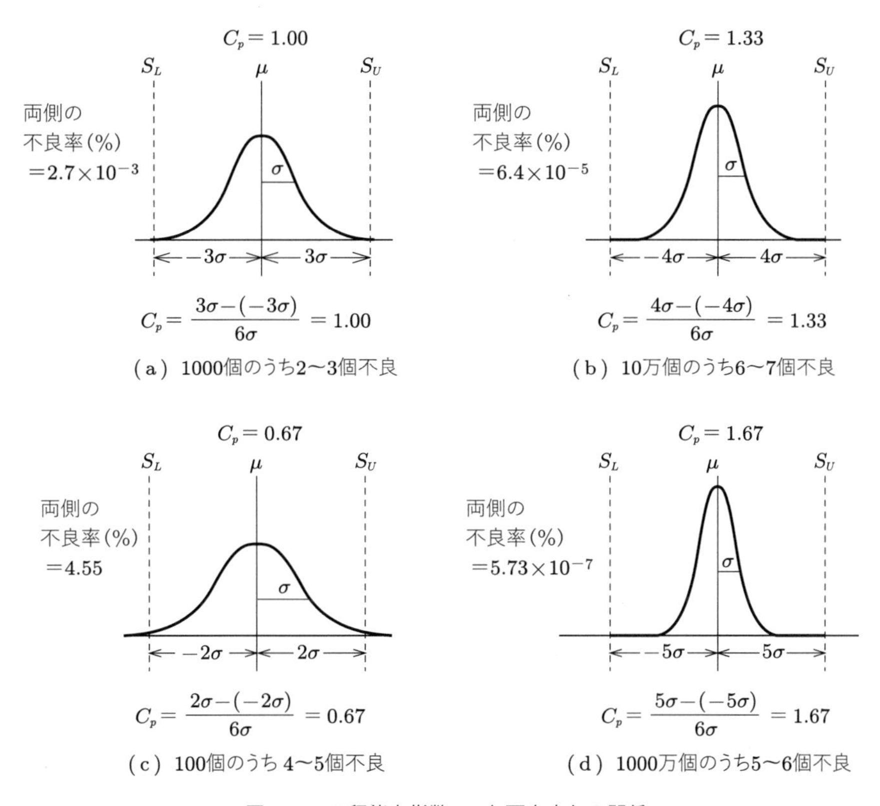

図 1.11　工程能力指数 C_p と不良率との関係

工程能力指数は，安定な定常状態にある工程からの計算が前提です．そのため，σ に代わる標準偏差 s を導くには，長く生産している工程ではデータ数 n は 1000 程度，最近安定している工程でも最低 100 以上が必要です．少ないデータ数 $n=20$ や 30 で求めた標準偏差 s なら，C_p 値の信頼区間の幅は大きくなり，たとえ C_p 値が 1.33 であっても，C_p 値の信頼区間の下限値はそれをかなり下回る可能性があります．したがって，しばらく様子をみて，データ数を多く取ってから，再度 s を求めて C_p 値を計算し，評価し直します．

事例 1.7　**工程能力指数の求め方と評価**

上側規格値 $S_U = 80.8$，下側規格値 $S_L = 77.2$ である両側規格の品質特性Yについて，データを収集して平均と標準偏差を求めたところ，それぞれ80.0，0.5でした．工程能力指数 C_p と C_{pk} を求め，工程能力について判断します．

解答　両側規格なので，式(1.10)より

$$C_p = \frac{S_U - S_L}{6s} = \frac{80.8 - 77.2}{6 \times 0.5} = 1.20$$

となります．一方，規格の中央の位置は，**図1.12**より，$(80.8 + 77.2)/2 = 79.0$ ですが，データの平均は $\overline{x} = 80.0$ なので，上側規格値 S_U のほうに偏っています．

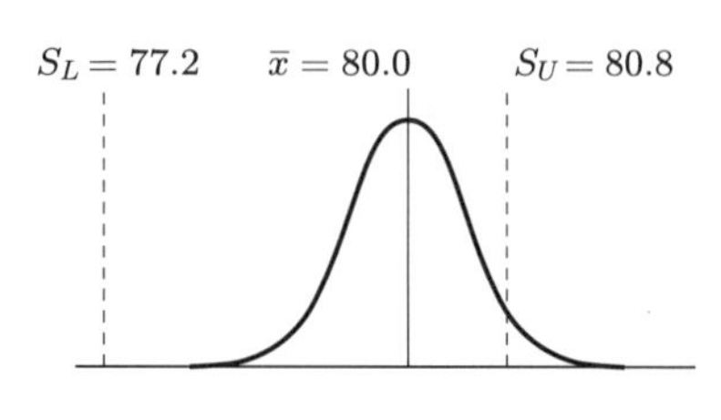

図1.12　品質特性Yのデータの分布

したがって，工程能力指数 C_{pk} は，式(1.11)および式(1.9)より

$$C_{pk} = \frac{S_U - \overline{x}}{3 \times s} = \frac{80.8 - 80.0}{3 \times 0.5} = \frac{0.8}{1.5} = 0.53$$

となり，1.00未満なので工程能力不足であり，工程解析と工程改善が必要です．□

1.7 箱ひげ図 発展

箱ひげ図は，ばらつきのあるデータを視覚的に表現するために工夫された統計的グラフです．細長い箱とその両側に出たひげで表現されることから，この名前がついています．

このグラフで重要な統計量は，次の5つです．

- **最小値**　・**最大値**　・**中央値**
- **第1四分位数** Q1：すべてのデータを値が小さいものから順に並べたとき，その並びを1:3に分割する値
- **第3四分位数** Q3：その並びを3:1に分割する値

全データのうち，第1四分位数より値が小さいものが25%，大きいものが75%になります．同様に，第3四分位数より値が小さいものが75%，大きいものが25%となります．

事例 1.8　**箱ひげ図の作成**

表 1.7（事例 1.6）のレストラン A の売上データから箱ひげ図を作成します．

解答

手順 1　5 つの統計量を求める

表 1.7 のデータを小さいほうから順に並べると**表 1.9** のようになり，各統計量は次のように求まります．

最小値 = 5，最大値 = 45
中央値 = 27.0（データ数が偶数なので，20 位と 21 位の値の平均）
第 1 四分位数 Q1 = 21.5（10 位と 11 位の平均）
第 3 四分位数 Q3 = 33.0（30 位と 31 位の平均）

表 1.9　レストラン A の 40 日間の売上高を小さいほうから順に並べる

Q1 = 21.5（10 位と 11 位の間）　中央値27.0（20 位と 21 位の間）　Q3 = 33.0（30 位と 31 位の間）

順位	1	2	⋯	10	11	⋯	20	21	⋯	30	31	⋯	39	40
売上高	5	11	⋯	21	22	⋯	27	27	⋯	33	33	⋯	42	45

手順 2　長方形の箱を描く

四分位範囲 IQR（Q3 と Q1 の差）を求め，その長さの長方形の箱を描きます．この例では，

$$IQR = 33.0 - 21.5 = 11.5$$

です．この箱は，全データの半分を含み，データの異常値を除外した主要部分の値はどのくらいかを示しています．

手順 3　箱に＋と○の記号を描く

箱の中の中央値の位置に＋，平均の位置に○を描きます．この例では，＋と○の位置はともに 27.0 で重なります．

手順 4　箱にひげを描く

箱の両端から，最小値と最大値の位置へ線を引きます．

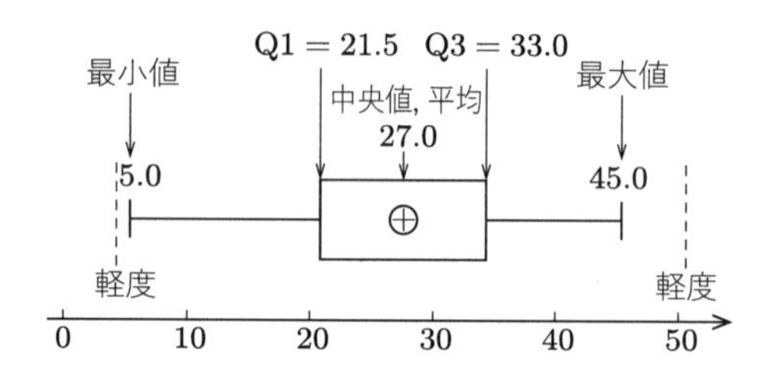

図 1.13　表 1.7 のデータによる箱ひげ図

ここまでで箱ひげ図を描くと，**図 1.13** のようになります．

手順 5　異常なデータの有無を確認する

箱の両端から一定の幅の範囲を超えたデータの有無を確認します．幅としては次のものを用います．

軽度な異常の場合：$\mathrm{IQR} \times 1.5$

極端な異常の場合：$\mathrm{IQR} \times 3.0$

軽度な異常の場合，この例では $11.5 \times 1.5 = 17.25$ となるので，$\mathrm{Q1} - 17.25 = 4.25$ から，$\mathrm{Q3} + 17.25 = 50.25$ までの範囲を超えるデータがあるかを見ます．図 1.13 より，そのようなデータはないことがわかります．□

箱ひげ図は，標準偏差を計算しなくても，また，ヒストグラムを作成しなくても，上記の 5 つの統計量から，データがどれだけまとまっているか，異常な値がどれくらい含まれているかを判断できるのが特長です．母集団の分布の姿の仮定（どのような確率分布か）とは関係なく，簡単な図により，視覚でデータの分布状態の動向が判断できるので，複数の集団のデータ分布を比較するのに活用されます．

本章のまとめ

- サンプリングは，無作為抽出によって行う．
- 測定したデータから基本統計量を求めれば，標本集団の特徴がつかめる．
- グラフを利用することで，標本データの特徴を見える化できる．

確率と確率分布

1.2 節で述べたように，統計学では，標本集団のデータから計算した統計量から母集団の母数を推測するのですが，その推測の際に，求めた統計量がどの程度この母数に適合しているかを示す 1 つの科学的な基準として，確率の考え方を取り入れています．本章では，統計学に必要な確率の考え方を解説します．

2.1 確率と確率変数

2.1.1 確率

硬貨を投げて表と裏が同じ回数出現すれば，それぞれが起こる確率は 1/2 です．これを一般化しましょう．硬貨を投げたときの「表」「裏」のように，起こる事柄のことを事象とよびます．全体の事象が n 通りあり，そのなかで A という事象が r 通り起こるとき，事象 A の起こる確率は r/n です．r/n が 0 に近いほど事象 A は起こりにくく，1 に近いほど起こりやすくなります．

確率は，起こりやすさの度合いを 0 と 1 の間の数で表したものになります．

2.1.2 確率変数

硬貨を投げるときの「表」や「裏」の出やすさをグラフで表現するにはどうすればよいでしょうか？

変数 x を用いて，$x=1$ を「表」，$x=2$ を「裏」とします．このとき，それぞれが起こる**確率**（probability）を $p(x)$ とすると，「表」「裏」の出る確率は等しいので，それぞれ次のように表されます．

$$p(x=1)=\frac{1}{2},\quad p(x=2)=\frac{1}{2}$$

x のように，確率の値を付与した変数を**確率変数**とよびます．

2.2 データの確率分布

確率分布 $P_r(x)$ は確率変数の値がばらつく様子，すなわち確率変数 x の値に対して，各値の出現の確率を示しています．

統計学では，まず標本データから相対度数を縦軸にしたヒストグラムを作成して，確率分布を作成します．そして，その確率分布の中から母集団の特徴を捉えます．

事例 2.1　確率分布

図1.8のヒストグラム（事例1.6）から，レストランAの1日における売上高の確率分布を作成します．

解答　レストランAの1日における売上高を確率変数 x とします．図1.8の縦軸を度数から確率（相対度数）に置き換えると**図2.1**になり，売上高データの確率分布が得られます．確率変数の中心位置（27万円）や，ばらつきの程度（約4.5万～46.5万円），形（データはほぼ左右対称）などが，確率変数の母集団の特徴を示す情報となります．　□

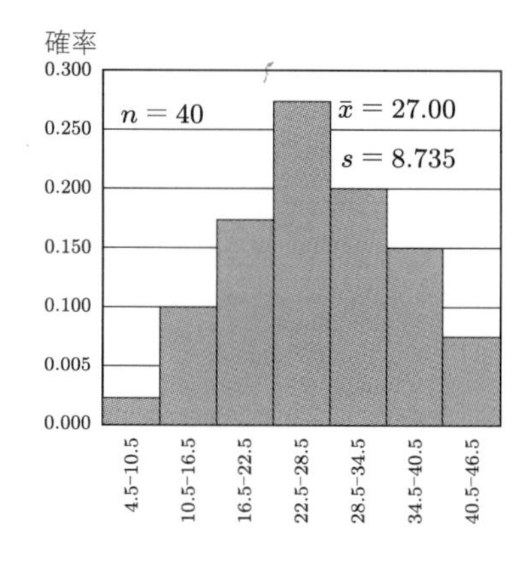

図 2.1　1日の売上高データの確率分布

図 2.2 のように，確率分布は大きく**連続型**と**離散型**に分類され，それぞれに対して代表的な分布があります．

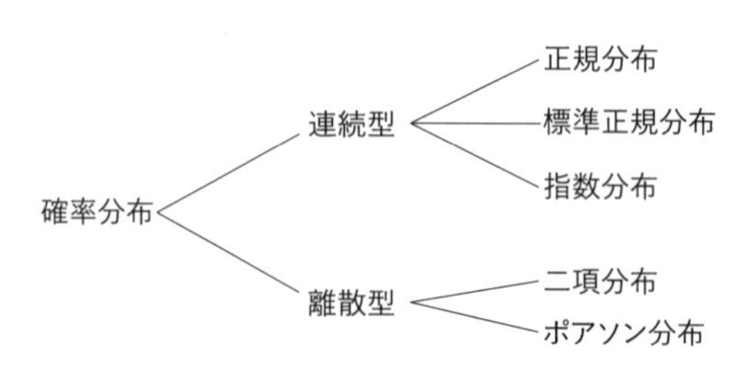

図 2.2　確率分布の分類

2.2.1 連続型分布

500 mL のペットボトルに詰められた水の量を変数 x とします．水の量は 500 mL 前後で多少ばらついており，連続的に分布（連続型分布）します．したがって，水の量である変数 x は連続的な値をとる確率変数であり，これを**連続型確率変数**とよびます．このとき，**図 2.3** のような連続曲線 $f(x)$ で**連続型分布**を表します．この $f(x)$ を，**確率密度関数**とよびます．

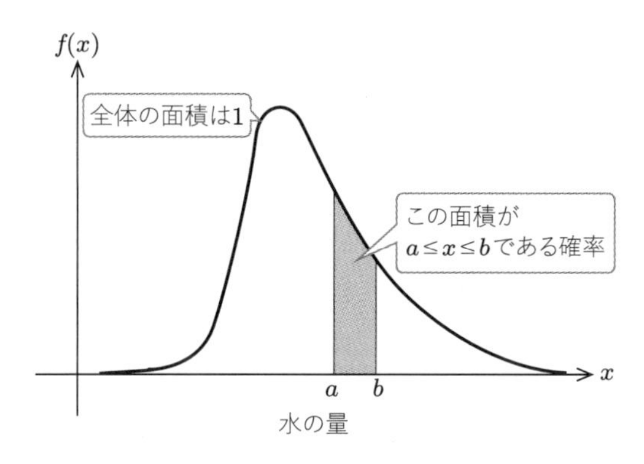

図 2.3　連続型確率変数の確率分布の例

連続型確率変数で確率を扱う際には，図 2.3 に示すように，変数 x がある範囲の値をとる確率を考えます．$a \leq x \leq b$ となる確率は

$$P_r(a \leq x \leq b) = \int_a^b f(x)\,dx \tag{2.1}$$

で表され，図の灰色部分の面積になります．

また，全確率は 1 であることから，この曲線と横軸に挟まれた部分の全体の面積は 1 になります．一般的には次式で示します．

$$P_r(-\infty \leq x \leq +\infty) = \int_{-\infty}^{+\infty} f(x)\,dx = 1 \tag{2.2}$$

ある値 x 以下の確率，すなわち下側確率を式 (2.3) で定義します．ここで，ある値 x との混同を避けるために変数 t を用います．この式 (2.3) の $F(x)$ を**分布関数**とよびます．

$$F(x) = P_r(X \leq x) = \int_{-\infty}^{x} f(t)\,dt \quad \{F(-\infty) = 0,\ F(+\infty) = 1\} \tag{2.3}$$

以下では，統計学での代表的な連続型分布を紹介します．

(1) 正規分布

もっとも重要な分布は**正規分布**（normal distribution）です．多くの確率分布が正規分布に従います．

確率変数を x とします．このとき，正規分布は次に示す確率密度関数 $f(x)$ をもつ確率分布で，**ガウス分布**ともよばれます．

$$f(x)=\frac{1}{\sqrt{2\pi}\,\sigma}\exp\left\{-\frac{(x-\mu)^2}{2\sigma^2}\right\}\quad(-\infty<x<\infty)\tag{2.4}$$

ここで，$\exp(x)=e^x$ で，e は自然対数の底であり，$\pi=3.14159\cdots$ は円周率です．

母平均 μ と母標準偏差 σ は，確率分布を定める母数です．この2つにより形が決まるので，正規分布を $N(\mu,\sigma^2)$ と表します．グラフを描くと，**図 2.4** のような形になります．

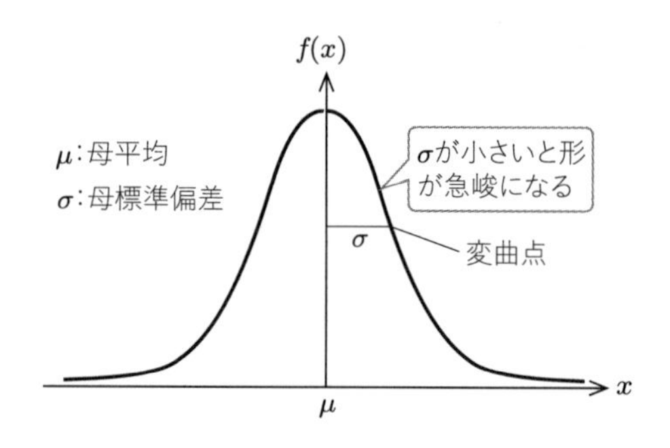

図 2.4　正規分布

図からわかるように，この確率密度関数 $f(x)$ は $x=\mu$ に対して左右対称で，$x=\mu$ で最大となり，中心から離れるにつれて単調に減少します．$x=\mu\pm\sigma$ が変曲点です．$f(x)$ は常に正で，$x\to\pm\infty$ で限りなく0に近付きます．そのため，$f(x)$ は横軸とは絶対に交わらない曲線で，釣鐘型形状を示します．

事例 2.2　**正規分布**

天然原料1袋に含まれる物質Cの量は正規分布に従います．A社から仕入れた原料1袋に含まれる物質Cの量の平均は200 g で，標準偏差は5 g でした．一方，B社の原料に含まれる量の平均も200 g でしたが，標準偏差は10 g でした．それぞれの分布のグラフを示します．

解答　標準偏差が異なる 2 つの正規分布 $N(200, 5^2)$ と $N(200, 10^2)$ を図示すると，**図 2.5** のようになります．B 社から仕入れた原料に含まれる物質 C の量の標準偏差が A 社のものより大きいので，B 社の内容量の分布は横に広がっています．□

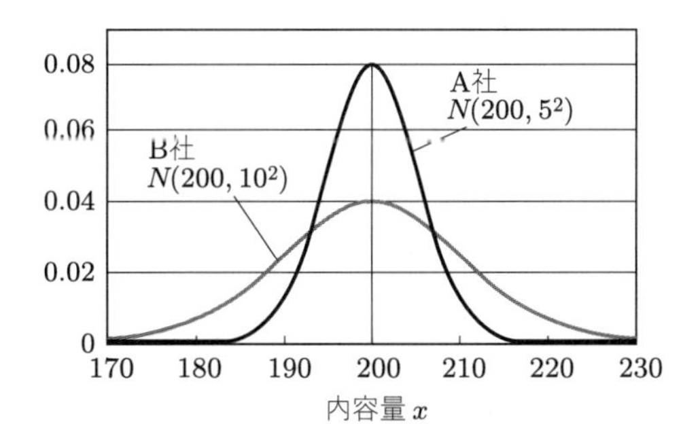

図 2.5　標準偏差が異なる 2 つの正規分布 $N(200, 5^2)$ と $N(200, 10^2)$

正規分布に従う確率変数には，次のようなものがあります．

- ある部品の寸法測定値
- 内容量が決められた缶詰の重量
- ある製品の強度
- 1 日の気温の変化
- 研修テストの得点　　など

このように，測定できる変数には正規分布に従うものが多くあります．

測定値の平均や標準偏差は，単位により数値が異なります．また，同じ測定値でも部品の幅寸法のように，対象集団が異なれば平均や標準偏差の数値は異なります．このようなとき，確率変数の平均や標準偏差の数値が変わっても統一的に比較することができればとても便利です．

そこで，標準化という手続きが考えられ，標準正規分布が生まれました．

(2)　標準正規分布

図 2.6 のように，確率変数 x を新たな変数 z に変換すると，z は常に平均が 0，標準偏差が 1 となります．このような手続きを**標準化**といいます．

確率変数 x が正規分布 $N(\mu, \sigma^2)$ に従うとき，x から平均 μ を引くと分布が μ だけずれるので，確率変数 $(x - \mu)$ の平均は 0 になります．それを標準偏差 σ で割れば，適当に広がっていたばらつき具合の値が 1 に統一されます．この新しい正規分布

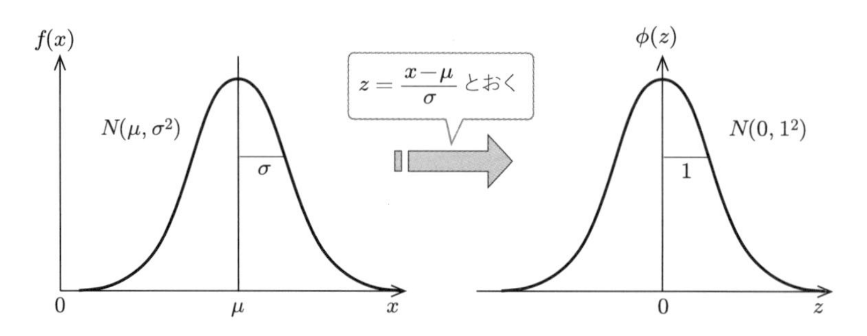

図 2.6　正規分布の標準化

$(\overline{z}=0,\ \sigma_z=1)$ を**標準正規分布**（standard normal distibution）とよび，$N(0, 1^2)$ で表します．

統計学では，この標準正規分布の確率密度関数を ϕ（分布密度関数を Φ）で表します．標準正規分布の確率変数を $z=(x-\mu)/\sigma$ とすると，確率密度関数 $\phi(z)$ は

$$\phi(z) = \frac{1}{\sqrt{2\pi}} \exp\left(-\frac{z^2}{2}\right) \tag{2.5}$$

となり，この確率密度関数を**標準正規曲線**とよびます．

どのような確率変数 x も，標準化の手続きにより確率変数 z の標準正規分布になり，標準正規分布に基づいて確率を計算することができます．

ここで，**標準正規分布表**を用いて確率を求める方法を紹介します[†]．**図 2.7** のグラフの灰色の部分の面積は，z 値が 1.43 以上になる確率 $P_r(z>1.43)$ を示しています．この確率は，巻末の標準正規分布表の「1.4」の行と「3」の列が交わる点から，0.0764 と求められます．

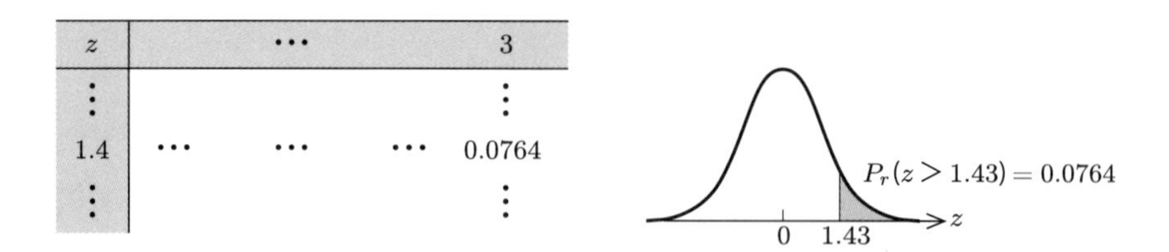

図 2.7　標準正規分布表から確率を読み取る方法

† 図 2.7 のように，分布の右側に確率を配した数値表が JIS 規格で示され，国際的にも多くの国で採用されていますが，両側に確率を配した数値表を用いている国（中国など）もあります．用いる数値表を確かめましょう．

(3) 指数分布

ある機器などの故障率が一定となった時期（偶発故障領域）において，その機器の寿命や故障間動作時間を確率変数 x とすると，x は**指数分布**（exponential distribution）に従います．

指数分布の確率密度関数は，次式で与えられます．

$$f(x) = \lambda e^{-\lambda x} \quad (x \geq 0) \tag{2.6}$$

λ は正の値をとる定数で，この確率分布の平均は $1/\lambda$，分散は $1/\lambda^2$ となります．この確率密度関数は**図 2.8** のようになり，信頼性工学での機器の寿命解析などに用いられます．

指数分布に従う確率変数には，次のようなものがあります．

- 電球のような機器の寿命
- 人とすれ違うタイミング
- 地震の起こる間隔
- 交通事故の後，次の交通事故が起こるまでの時間　　など

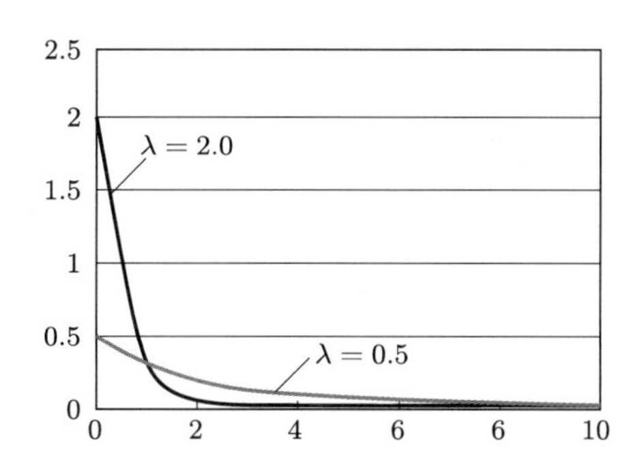

図 2.8　$\lambda = 0.5$ と $\lambda = 2.0$ における指数分布

2.2.2 離散型分布

3 枚の硬貨を同時に投げたときに，表の出た枚数を r とします．このとき，確率変数を $x = r$ とすると，x は 1，2，3 という飛び飛びの値になります．このような確率変数を**離散型確率変数**，その確率分布を**離散型分布**とよびます．

確率を $f_r = P_r(x = r)$ で表すと，確率は負にならないことから $f_r \geq 0$ です．また，全確率は 1 なので，式 (2.7) が成立します．

$$P_r(-\infty < x < +\infty) = \sum_{-\infty}^{+\infty} f_r = 1 \tag{2.7}$$

ここで，$r = 2$ となる確率を求めてみましょう．硬貨投げでは硬貨が立つことは考えていないため，結果は「表」「裏」の 2 種類になります．表が出る確率は $p = 1/2$，裏が出る確率は $q = 1 - p = 1 - 1/2 = 1/2$ なので，表が 2 枚，裏が 1 枚の確率は $(1/2)^2(1 - 1/2)^1 = 1/8$ です．この場合の出方は 3 通りなので，$r = 2$ となる確率は $3 \times 1/8 = 3/8$ となります．ほかの場合も同様に求められ，まとめると**図 2.9** のようになります．

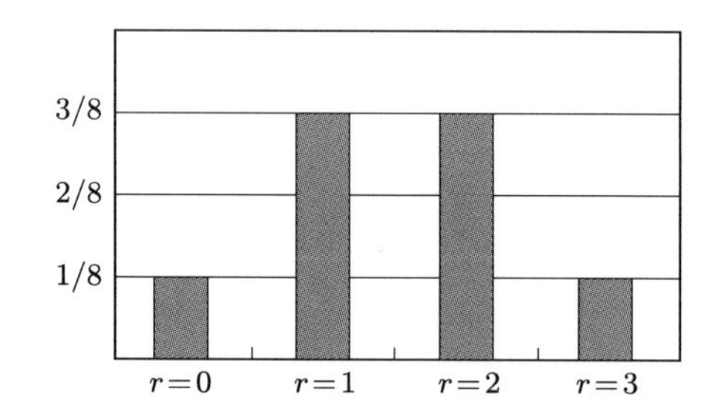

図 2.9　3 枚の硬貨を投げたときの表の出方の確率分布

試行が多数あっても事象が 2 通りにまとめられるとき，その試行を**ベルヌーイ試行**とよびます．そして，確率変数 x が確率 p で 1，確率 $q = 1 - p$ で 0 をとる確率分布

$$f(x) = p^x(1 - p)^{1-x} \tag{2.8}$$

を**ベルヌーイ分布**[†1] とよびます．

以下では，代表的な離散型分布を紹介します．

(1)　二項分布

ここでは大きさ n の標本（生産品）において，不良品が x 個出る確率を考えます[†2]．不良品が出る確率を p とすると，良品の確率は $q = 1 - p$ となり，r 個が不良になる確率 $P_r(x = r)$ の確率分布は，ベルヌーイ分布から

$$P_r(x = r) = {}_n\mathrm{C}_r\, p^r (1 - p)^{n-r} \quad (r = 0, 1, 2, \ldots, n) \tag{2.9}$$

---

†1　発見者であるスイスの数学者 J. ベルヌーイ (1654–1705) にちなんでいます．

†2　品質管理では，不良品とは品質判定基準に適合しない生産品のことです．

となります．${}_n\mathrm{C}_r$ は n 個から不良品を r 個取り出すときの組合せの数を表し，式 (2.9) のような離散型分布を**二項分布**（binominal distribution）とよびます．

この式 (2.9) は n と p で決まるので，この二項分布を $B(n, p)$ と表します．二項分布の平均は np で，分散は $np(1-p)$ となります．

事例 2.3 二項分布

母不良率が $p = 0.1$ の母集団から製品 $n = 10$ 個をランダムに選びます．発見した不良品の個数を $x = r$ とし，各不良個数別の確率を求めます．

解答 不良品が r 個である確率は，式 (2.9) より

$$p_0 = P_r(x = 0) = {}_{10}\mathrm{C}_0 \times 0.1^0 \times 0.9^{10} = 0.34868$$

$$p_1 = P_r(x = 1) = {}_{10}\mathrm{C}_1 \times 0.1^1 \times 0.9^9 = 0.38742$$

$$\vdots$$

$$p_{10} = P_r(x = 10) = {}_{10}\mathrm{C}_{10} \times 0.1^{10} \times 0.9^0 = 0.00000$$

となります．これらを図示すると，**図 2.10** の二項分布 $B(10, 0.1)$ の確率分布のグラフとなります． □

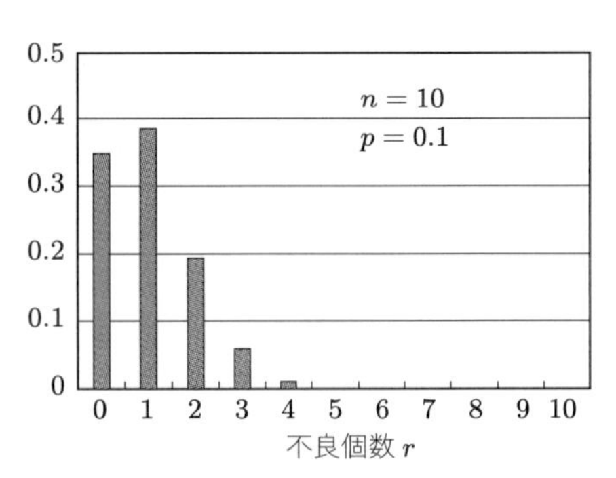

図 2.10 二項分布 $B(10, 0.1)$ の確率分布

二項分布に従う確率変数には，次のようなものがあります．

- 硬貨の「表」「裏」の出方
- サイコロの各目の出方
- 製品ロットの不良品の出方　　など

また，新聞社などがよく行う調査である，「多数の成人から n 人を無作為抽出し，ある政策に同意する人の割合を推定する」場合にも二項分布が適用されます．

(2) ポアソン分布

ポアソン分布 (Poisson distribution)[†1] は，不良品の発生する確率が非常に低い場合や，眼鏡のレンズのキズなどのように欠点[†2] 数が非常に少ない場合に用いられる確率分布です．二項分布 $B(n, p)$ において，$np = \lambda$ と一定に保ったまま $n \to \infty$, $p \to 0$ としたときの極限分布を導くとポアソン分布になります．このポアソン分布の確率を $Po(\lambda)$ と表します．λ は母不良数や母欠点数です．

n が大きく，n と比較して λ が非常に小さいとき，不良欠点の確率 p を $p = \lambda/n$ とおけば，p は非常に小さい値になります．この $p = \lambda/n$ を式 (2.9) に代入し，$n \to \infty$ とすると，ポアソン分布の確率分布は式 (2.10) となります．

$$P_r(x = r) = \frac{\lambda^r}{r!} e^{-\lambda} \quad (r = 0, 1, 2, \ldots) \tag{2.10}$$

ポアソン分布の平均は λ，分散は λ です．

事例 2.4　ポアソン分布

母不良率が非常に低い製品集団から多数のサンプルを抜き出し，各不良個数別または各欠点数別の確率を求めます．

解答　例として，$\lambda = 0.1$, 1.0, 5.0 のポアソン分布を**図 2.11** に示します．離散型の確率変数なので本来は棒グラフですが，λ の値による変化が比較しやすいように曲線で表しています．

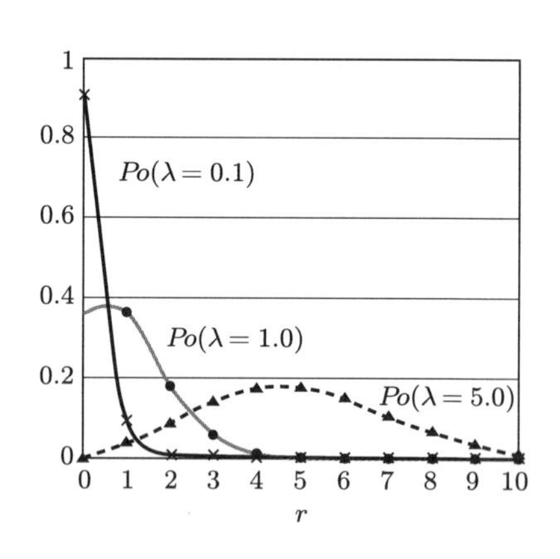

図 2.11　ポアソン分布の確率分布

$\lambda = 0.1$ と不良や欠点が非常に少ない場合は，不良個数や欠点数が0の近くで出現確率が非常に高くなります．また，ある程度不良や欠点がある $\lambda = np = 10 \times 0.1 = 1.0$ の場合には，二項分布で示した図 2.10 と同じ形になります．$\lambda = 5.0$ ならば，不良欠点数が5のところの確率が高くなり，左右対称な釣鐘型分布になります．□

---

†1　S.D. ポアソン (1781–1840) が 1838 年に確率論とともにこの確率分布を発表したことから，ポアソン分布とよばれます．

†2　品質管理では，品物が規格や図面などに記載されている要求から外れている箇所を欠点といいます．

このように，ポアソン分布は $\lambda \geq 5$ なら正規分布で近似でき，また，二項分布も np および $n(1-p)$ が 5 以上のときには正規分布に近似できます．これらの知見は，計数値データの検定と推定の際に用いられます．

ポアソン分布に従う確率変数としては，次のようなものがあります．

- プログラムの一定行数中に含まれるバグの数
- 眼鏡の新品レンズに存在するキズの数
- アマチュアゴルファーのラウンド 1000 回あたりのホールインワン数　など

まったく偶然に見える事象の発生確率をポアソン分布から予測することができるので，駅や銀行の窓口の人員配置や特定の交差点で発生する交通事故などの社会的な対応やビジネスに活用されています．

2.3 確率変数の期待値と分散 発展

2.3.1 期待値

ある製品の不良個数を確率変数 X として，5 ロットの不良個数を数えたところ，$X = x_i = \{5, 4, 4, 4, 3\}$ でした．この 5 ロットでの不良個数の平均は，離散型確率変数の平均となり，各ロットの不良個数 x_i にそのロットの出現確率 p_i を掛けた値の総和となります．すなわち，$p_i = 1/5$ なので

$$5 \times \frac{1}{5} + 4 \times \frac{1}{5} + 4 \times \frac{1}{5} + 4 \times \frac{1}{5} + 3 \times \frac{1}{5} = 4.0$$

と表現されます．

このようにして求める平均を**期待値**とよび，離散型確率変数 $X = x_i$ の期待値 $E(X)$ は，次のように **(確率変数の値 × 確率) の総和**となります．

$$E(X) = \sum x_i p_i \tag{2.11}$$

次に，**図 2.12** のような連続的な確率変数 X について考えます．確率変数 X のとる値 x_i の範囲をいくつかの階級に分割して，それぞれの階級値を確率変数 X の値とします．このとき，X がその値をとる確率は，その階級におけるグラフと横軸が囲む面積（実際には長方形の面積で近似）になるので，連続型確率変数の期待値 $E(X)$ は，積分を用いて式 (2.12) のように導けます．

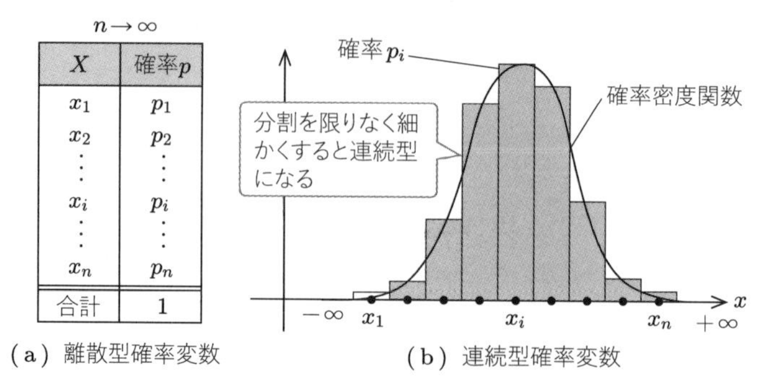

図 2.12　確率変数の期待値と分散の求め方

$$E(X) = \int_{-\infty}^{+\infty} x f(x)\, dx \tag{2.12}$$

期待値を $E(X) = \mu$ とすると，μ は確率変数の**母平均**，すなわち確率分布の中心位置を表します．ここで，X, Y を確率変数，a, b を定数とするとき，期待値において次の関係式が成り立ちます．

$$E(aX + b) = aE(X) + b \tag{2.13}$$

$$E(aX + bY) = aE(X) + bE(Y) \tag{2.14}$$

2.3.2　分散

分散 $V(X)$ についても期待値と同様に考えることができ，$\{$(**確率変数の値** $-$ **期待値**)^2 $\times$ **確率**$\}$ **の総和**として

$$V(X) = E\big((X - \mu)^2\big) = E(X^2) - \mu^2 = \sigma^2 \tag{2.15}$$

と表されます．

母分散 σ^2 に対して，標本データから計算する分散の不偏分散を s^2 と表記します．

分散 $V(X)$ について，X を確率変数，a, b を定数とすると，次式が成り立ちます．

$$V(aX + b) = E\big(\{(aX + b) - E(aX + b)\}^2\big) = a^2 V(X) \tag{2.16}$$

この式は，確率変数 X に定数を加えても母分散は変わらないという性質と，確率変数 X を a 倍すると母分散は a^2 倍になるという性質を示しています．

式 (2.16) からわかるように，分散 $V(X)$ の単位は，確率変数 X の単位の 2 乗です．そこで，元の単位に戻すために平方根をとり，これを**母標準偏差** $D(X)$ とよびます．

$$D(X) = \sqrt{V(X)} = \sqrt{E(X^2) - \mu^2} = \sigma \tag{2.17}$$

2.3.3 共分散

共分散 $Cov(X, Y)$ は，2 つの確率変数 X, Y の関係を表す量です．X, Y の期待値をそれぞれ μ_X, μ_Y とするとき，$Cov(X, Y)$ は **2 つの確率変数 X, Y の偏差の積の期待値**として，式 (2.18) のように表されます．

$$Cov(X, Y) = E\big((X - \mu_X)(Y - \mu_Y)\big) \tag{2.18}$$

また，これは次のように書くこともできます．

$$Cov(X, Y) = E\big((X - \mu_X)(Y - \mu_Y)\big) = E(XY) - \mu_X \mu_Y \tag{2.19}$$

2 つの確率変数 X, Y が独立ならば，$E(XY) = E(X)E(Y) = \mu_X \mu_Y$ より，その共分散は 0 となります．

共分散が関係する重要な式として，次の式があります（a，b は定数）．

$$V(aX + bY) = a^2 V(X) + b^2 V(Y) + 2ab\, Cov(X, Y) \tag{2.20}$$

ここで，$a = 1$, $b = 1$ とすると，

$$V(X + Y) = V(X) + V(Y) + Cov(X, Y) \tag{2.21}$$

となり，さらに X と Y とが独立なら $Cov(X, Y) = 0$ となるので，分散の和の式 $V(X + Y)$ は，次式のようになります．

$$V(X + Y) = V(X) + V(Y) \tag{2.22}$$

独立な複数の集団が合わさった場合の分散を求める際には，この式 (2.22) の関係を用います．分散の加法性を示す大切な式です．

事例 2.5

分散の加法性

図2.13のように，2つの棒状の部品AとBを直列に繋ぎ合わせて部品Cをつくります．ここで，部品Aの寸法 X の分布は期待値 μ_X，分散 σ_X^2 であり，部品Bの寸法 Y の分布は期待値 μ_Y，分散 σ_Y^2 です．

(1) 部品Aと部品Bをランダムに選んで繋ぎ合わせて部品Cをつくったとき，部品Cの寸法 Z の分布の期待値 μ_Z，分散 σ_Z^2 はどうなるでしょうか？

(2) 部品Aの小さいものに部品Bの大きいものを繋ぎ合わせるとき，部品Cの寸法 Z の分布の期待値 μ_Z，分散 σ_Z^2 はどうなるでしょうか？

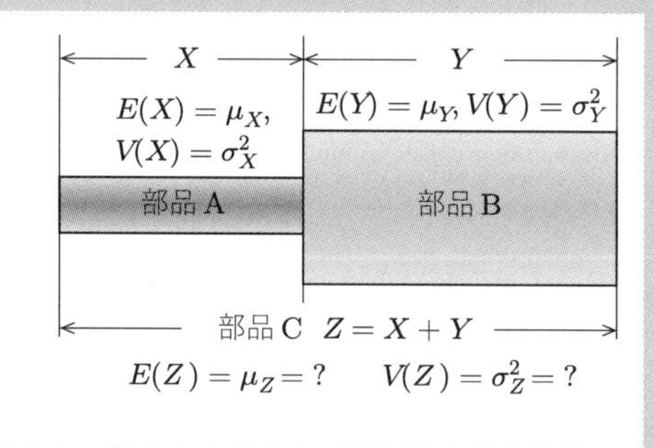

図2.13　部品Aと部品Bを繋ぎ合わせた部品C

解答

(1) 部品Cの寸法 Z における分布の期待値は $\mu_X+\mu_Y$ です．2つの部品をランダムに選んで繋ぎ合わせたので，X と Y は独立となり，$Cov(X,Y)=0$ です．したがって，Z の分布の分散には，式(2.22)の分散の加法性が成り立ちます．これより，$\sigma_Z^2=\sigma_X^2+\sigma_Y^2$ となります．

(2) 部品Aの小さいものに部品Bの大きいものを繋ぎ合わせても，つくった部品Cの寸法 Z の期待値はやはり $\mu_X+\mu_Y$ です．一方，X と Y の共分散が負となることから，式(2.21)において $Cov(X,Y)<0$ より，Z の分散 σ_Z^2 は $\sigma_Z^2<\sigma_X^2+\sigma_Y^2$ と小さくなります．分散（ばらつき）が小さくなることから，寸法 Z の不良の出方は少なくなります．□

上記の例より，品質管理において，繋ぎ合わせた部品Cの寸法 Z の不良を低減したい場合には，寸法の大きい部品と寸法の小さい部品を繋ぎ合わせて，寸法のばらつきが小さくなるようにします．ベテランの作業者は，経験から，感覚的に寸法の大きい部品と小さい部品とが区別でき，繋ぎ合わせた部品の寸法不良率を小さくしています．

2.4 中心極限定理 発展

中心極限定理（central limit theorem）[3] とは，

> 母平均 μ，母標準偏差 σ のどのような母集団の分布においても，無作為抽出したある程度の大きさ n (≥ 30) の標本から求めた平均 $\overline{x}$ の分布は，平均 μ，標準偏差 $\sigma/\sqrt{n}$ の正規分布に近付く

という定理です．

この平均の標準偏差を**標準誤差**といいます．後述する実験計画法の最適解の区間推定の際には，この標準誤差を用いて区間幅を求めます．

中心極限定理は，離散型分布についても成立します．要約すると，**図 2.14** で示すように，中心極限定理は，

> 母集団の確率分布がどのようなものであっても，標本数が大きくなれば，標本から得られる平均の分布は正規分布で表せる

という定理です．この中心極限定理により，どのようなデータからでも正規分布をベースにできる統計解析の体系ができあがりました．

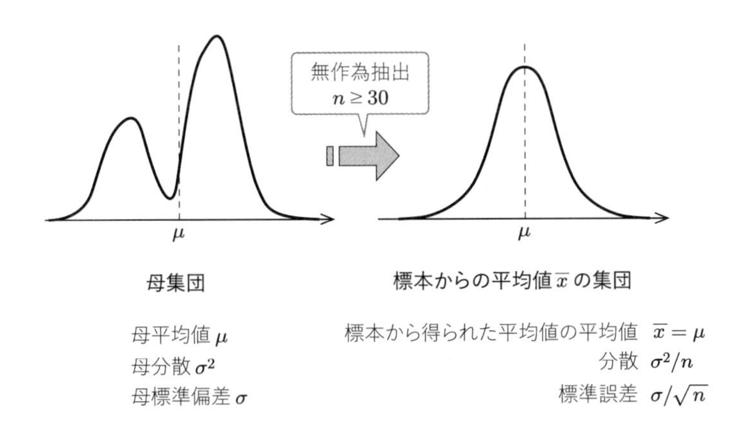

図 2.14　「中心極限定理」とは

2.5 統計量の確率分布

統計学では，母集団を特徴付けるパラメータである母平均 μ，母分散 σ^2 などを推測することが初歩の課題です．母数は一般に未知なので，サンプルのデータから，統計量である平均 $\overline{x}$ や分散 $V = s^2$ などを計算して，これらの母数を推測します．サンプルが変われば平均や分散も変わるので，これらの統計量を確率変数と考え，確率分布を求めることができます．そして，各統計量の確率分布を用いて，検定と推定などの方法が確立されました．

以下では，統計量の分布である z 分布，χ^2 分布，t 分布，F 分布を紹介します．次章以降では，これらを用いて，標本の平均，分散から母平均や母分散などの検定と推定を行います．次章以降を読み進める際に，必要に応じて以下の各統計量の確率分布を確認してください．

(1)　z 分布

母分散が既知のときの平均 $\overline{x}$ の確率分布 — z 分布

大きさ n の標本のデータ $x_1, x_2, \ldots, x_n$ がたがいに独立に正規分布 $N(\mu, \sigma^2)$ に従うとき，中心極限定理により，平均 $\overline{x}$ は正規分布 $N(\mu, \sigma^2/n)$ に従います．そして，この $\overline{x}$ を標準化すると，

$$z = \frac{\overline{x} - \mu}{\sqrt{\sigma^2/n}} \tag{2.23}$$

は，標準正規分布 $N(0, 1^2)$ に従います．

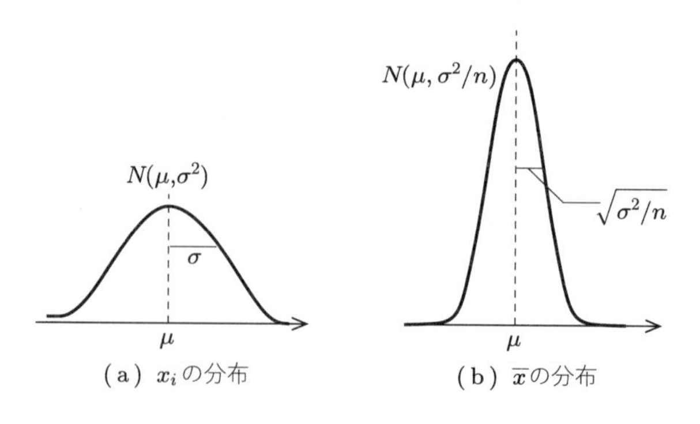

図 2.15　標本の平均 $\overline{x}$ の確率分布 $N(\mu, \sigma^2/n)$

平均 $\overline{x}$ の確率分布の分散は σ^2/n なので，抽出する標本数 n を大きくすれば，平均 $\overline{x}$ の分散は**図 2.15**(b)のように小さくなります．

(2)　χ^2 分布

偏差平方和 S の確率分布 ― χ^2 分布

標本の n 個のデータ $x_1, x_2, \ldots, x_n$ がたがいに独立に正規分布 $N(\mu, \sigma^2)$ に従うとき，偏差平方和 S（式 (1.4)）を S/σ^2 とおけば，

$$\chi^2 = \frac{S}{\sigma^2} \tag{2.24}$$

は，自由度 $\nu = n - 1$ の χ^2 分布に従います．

χ^2 分布は，自由度 ν に応じて分布の形状は異なりますが，式 (2.24) の分子 S および分母 σ^2 はともに正であることから，**図 2.16** のようにプラス側に分布し，左右対称ではなく，右のほうに裾を引いた歪んだ形になります．

自由度 ν が小さい（標本の数 n が少ない）ほど左側に山が立ち，大きくなるほど右側に山が立ちます．

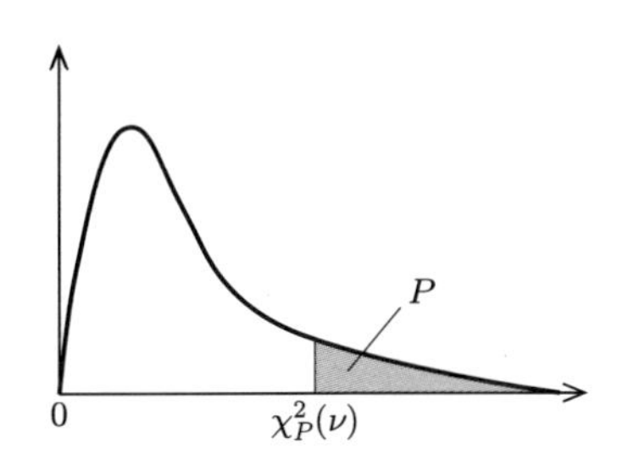

図 2.16　自由度 ν の χ^2 分布

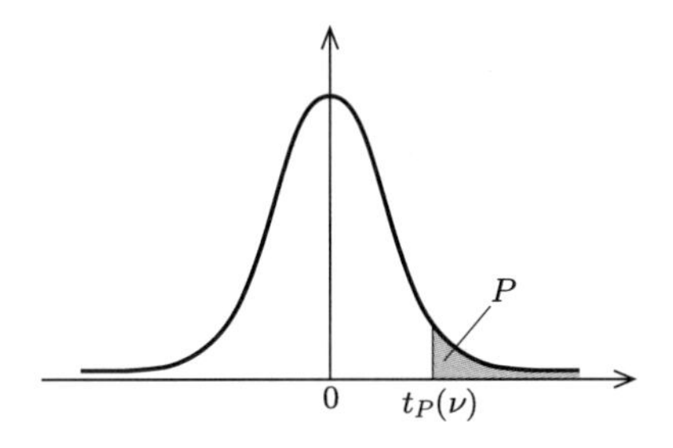

図 2.17　自由度 ν の t 分布

(3)　t 分布

母分散が未知のときの平均 $\overline{x}$ の確率分布 ― t 分布

標本の n 個のデータ $x_1, x_2, \ldots, x_n$ がたがいに独立に正規分布 $N(\mu, \sigma^2)$ に従い，母分散が未知のとき，式 (2.23) の母分散 σ^2 を標本から計算した分散 s^2 で置き換えると，

$$t = \frac{\overline{x} - \mu}{\sqrt{s^2/n}} \tag{2.25}$$

は，自由度 $\nu = n - 1$ の t 分布に従います．

t 分布における自由度 ν は，t の式 (2.25) の分母の s^2 に代入する $s^2 = S/(n-1)$ の自由度に準じます．

図 2.17 のように，t 分布は，中心付近では標準正規分布よりも低く，裾のほうでは高くなります．z 値の式 (2.23) と t 値の式 (2.25) との比較から，自由度 $\nu \to \infty$ の極限においては $s^2 \to \sigma^2$ となるので，t 分布は標準正規分布になります．

(4)　F 分布

異なる 2 つの母集団の分散比の確率分布 — F 分布

異なる 2 つの母集団 $x_{11}, x_{12}, \ldots, x_{1n_1}$ および $x_{21}, x_{22}, \ldots, x_{2n_2}$ がそれぞれ独立に正規分布 $N(\mu_1, \sigma_1^2)$，$N(\mu_2, \sigma_2^2)$ に従うとき，この 2 つの母集団の分散比

$$F = \frac{s_1^2/\sigma_1^2}{s_2^2/\sigma_2^2} \tag{2.26}$$

は，自由度 $(\nu_1 = n_1 - 1,\ \nu_2 = n_2 - 1)$ の F 分布に従います．

2 つの母集団の F 分布において，F 値の分子の自由度を第 1 自由度 $\nu_1 = n_1 - 1$，分母の自由度を第 2 自由度 $\nu_2 = n_2 - 1$ とよんで区別します．F 分布の形は，この分子と分母の自由度 ν_1 と ν_2 によって決まります．

自由度の順を間違わなければ，どのように F 値を求めてもかまいませんが，誤用を避けるために，s_1^2，s_2^2 のうちの大きいほうを分子，小さいほうを分母にして，**図 2.18** で示す上側の P 値の域で確率を考えると便利です†．

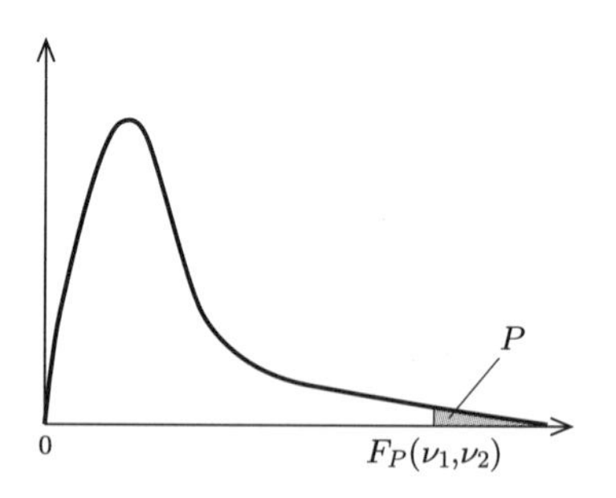

図 2.18　自由度 (ν_1, ν_2) の F 分布

† 分散の大きいほうを分子にもってくれば，F 値は常に 1 以上になるので，下側の P' は考えなくてもかまいません．

本章のまとめ

- データの確率分布（データがばらつく様子）には，データが連続量のときには正規分布や指数分布があり，データが離散量のときには二項分布やポアソン分布がある．
- データから計算した統計量も確率変数となり，統計量の確率分布には z 分布，t 分布，χ^2 分布，F 分布がある．
- 統計量の確率分布を用いて，データから計算した平均や分散などの統計量から，母平均や母分散などの母数の検定と推定を行う．

検定と推定のための準備

検定は,「広告を出す前後で売上高は変化したか」「2つの製パン機械において,できあがる生地の粘度に違いがあるか」などをデータで確かめることです.**推定**は,標本集団のデータから計算した平均や分散に信頼率を考慮して,母集団の母平均や母分散の値を見積もることです.

本章では,第4章から学ぶ検定と推定の準備として,検定と推定の効用や用いる統計用語などを解説します.第4章を学んだ後で,本章の検定と推定の考え方をもう一度見直すのもよいでしょう.

3.1 検　定

工場で開催された改善活動報告会で,技術者Y氏が「設備改善により,平均45(単位省略)であった特殊糸の強度を平均50にした」という報告をしました.そして,設備改善を他のラインにも進めようとしています.そこで,別の従業員T氏が「この効果を統計的検定で確認しましたか?」と尋ねると,Y氏は「これくらいの差があれば効果がある」と返事をし,専門家でないT氏には黙っていてほしいという態度をとりました.

するとT氏は,「ここに1枚の硬貨があります.いま10回投げたら表が7回出ました.この硬貨は表が出やすく細工がしてあると思いますか?」と聞き返したのです.Y氏は返事に困りました.「硬貨の表の出る確率は1/2なので,10回投げて表が4~6回ほどなら細工なし,表が9~10回なら細工がしてあると思うでしょう.このように,起こったことが偶然の範疇なのか,何かの原因(細工)によるものなのかを確率という基準によって判断することが統計的検定です」とT氏が説明すると,Y氏は統計的検定の意義を理解したようで,「統計的検定により,この糸強度の改善効果を確かめてみます」と返事をしました.

検定は,「打った改善策には効果があるのか」といった疑問に答えるためのものであり,起こった事実が偶然ではないことを確認し,自信をもって次の施策に移るために必要な方法です.

3.1.1 検定の考え方

検定は，確率の考え方を用いて仮説が正しいかどうかを検証する方法です．次の事例を通して，検定の用語や手順，考え方を解説します．

事例 3.1　正常硬貨かどうかの検定

硬貨を 10 回投げたら表が 7 回出ました．この硬貨は表が出やすく細工がしてあると思いますか？

解答

手順 1　仮説を立てる

変造硬貨の可能性を確認したいときは，正常硬貨（硬貨に細工がない）という帰無仮説と，変造硬貨（細工がしてある）という対立仮説を立てます．

表と裏の出る確率を p とすると，細工のない正常硬貨なら $p = 1/2$ です．このとき，正常硬貨（$p = 1/2$）という仮説を**帰無仮説**（null hypothesis）とよび，H_0 で表します[†]．帰無仮説に対して，変造硬貨（$p \neq 1/2$）という仮説を**対立仮説**（alternative hypothesis）とよび，H_1 で表します．

統計学では，まず帰無仮説の採否を検定します．帰無仮説が成り立たないと判断することを，帰無仮説を**棄却**（reject）するといいます．帰無仮説を棄却する場合は，対立仮説が成り立つとして**採択**（accept）します．

この 2 つの仮説を式で表すと，次のようになります．

$$\begin{cases} H_0 : p = \dfrac{1}{2} & (p \text{ は } 1/2 \text{ である} \rightarrow \text{正常硬貨}) \\ H_1 : p \neq \dfrac{1}{2} & (p \text{ は } 1/2 \text{ でない} \rightarrow \text{変造硬貨}) \end{cases} \tag{3.1}$$

手順 2　検定に用いる統計量の分布を考える

硬貨を 10 回投げたときに表の出る回数 X の確率分布から，検定に用いる検定統計量を導出します．

10 回投げたときに表の出る回数を X とすると，確率変数 X は二項分布に従います（2.2.2 項 (1) 参照）．正常硬貨の表が出る確率は $p = 1/2$ で，表の出る回数 X の

† 否定されることを期待して立てられる仮説で，添え字はゼロ「0」ですが，original を意味する「o（オー）」を使うこともあります．

期待値（平均）$E(X)$ と分散 $V(X)$ は

$$E(X) = np = 10 \times \frac{1}{2} = 5$$

$$V(X) = np(1-p) = 10 \times \frac{1}{2} \times \left(1 - \frac{1}{2}\right) = 2.50 = 1.58^2$$

となります．また，裏の出る回数の期待値も $n(1-p) = 10 \times (1 - 1/2) = 5$ です．

図 2.11 の説明で触れたように，np および $n(1-p)$ が 5 以上の二項分布は近似的に正規分布に従うので，X は**図 3.1** のような正規分布 $N(5, 1.58^2)$ とみなせます．

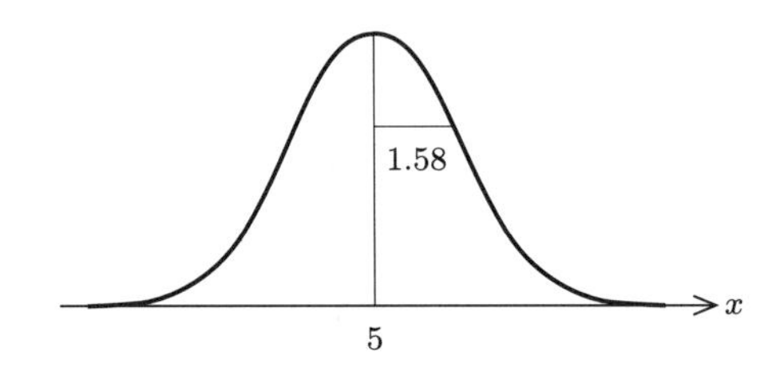

図 3.1　表の出る回数 X の確率分布

帰無仮説 H_0（正常硬貨）が成り立つのは X の値が 5 に近いときで，対立仮説 H_1（変造硬貨）が成り立つのは X の値が 5 から大きく外れたときであると考えられます．このことから，$(X-5)$ の絶対値の大小を検定に用いればよいことがわかります．

そこで，X の正規分布 $N(5, 1.58^2)$ を考える代わりに，標準正規分布 $N(0, 1^2)$ を考え，

$$z = \frac{X-5}{1.58} \tag{3.2}$$

とおきます（2.2.1 項 (2) 参照）．そして，この z を検定統計量とします．

手順 3　帰無仮説 H_0 を棄却する領域を決める

正常硬貨という帰無仮説 H_0 が棄却される領域を決めます．

図 3.2 の灰色の領域に z の値が位置する，すなわち z の値が期待値 0 から大きく離れている（X の値が 5 から大きく離れている）場合は，帰無仮説 H_0 が成り立たない（変造硬貨）と考えられます．この「大きく離れている」かどうかの基準として，統計学ではこの両外側に 0.05（5%）または 0.01（1%）の領域（灰色の領域）を

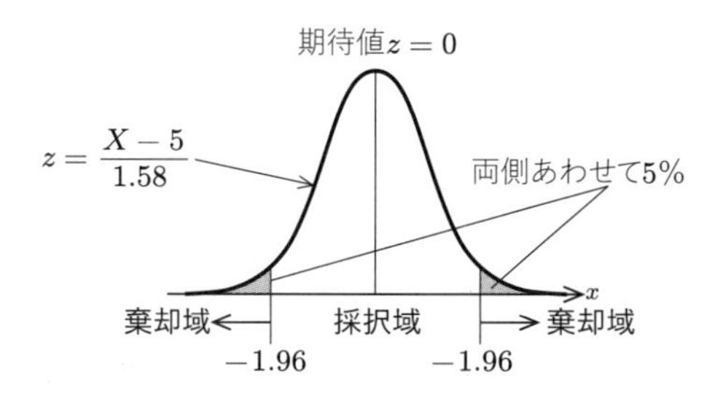

図 3.2 式 (3.2) の検定統計量 z の分布から棄却域を決める

配置します[†]. すなわち，確率 5%（1%）以下のきわめて珍しいことが起こったかどうかを判断基準とします．そして，この $\alpha = 0.05$ (0.01) を**有意水準**（significant level）または**危険率**とよびます．また，この外側の領域を**棄却域**，内側の領域を**採択域**とよびます．

z が棄却域に含まれるときは帰無仮説 H_0 を棄却し，対立仮説 H_1 を採択します．

なお，有意水準 α を大きくとると，実際には正常硬貨であるにもかかわらず，誤って変造硬貨と結論付けてしまう（帰無仮説を棄却する）可能性が高まります．したがって，この α を帰無仮説 H_0 を棄却してしまう誤りの確率とも捉えることができます．

手順 4 検定統計量から具体的な棄却域を導く

検定統計量 z を用いて，帰無仮説 H_0 が棄却される領域を求めます．

この確率 $\alpha = 0.05$ の z 値は，標準正規分布表から求めます．$\alpha = 0.05$ は図 3.2 の標準正規分布の両側にわたるので，左右にそれぞれ 0.025（2.5%）ずつとなります．巻末の標準正規分布表から $p = 0.025$ を読み取ると $z = 1.96$ となり（**表 3.1**），棄却域は $P_r(|z| > 1.96) = 0.05$（このとき，$|z|$ の絶対値に注意）と求められます．

式 (3.2) を用いて，検定統計量を X に戻します．

$$\frac{|X-5|}{1.58} > 1.96 \tag{3.3}$$

$$X < 1.90 \quad \text{または} \quad X > 8.10 \tag{3.4}$$

すなわち，表が 2 回未満または 9 回以上（表または裏が 9，10 回）出る場合，正常硬貨という帰無仮説 H_0 は棄却されて対立仮説 H_1 が採択され，変造硬貨であると考えます．

† なぜ 0.05，0.01 を用いるかはコラム 3 で解説します．

表 3.1　標準正規分布表（一部）

z	0	1	2	3	4	5	6	7	8	9
0.0	0.5000	0.4960	0.4920	0.4880	0.4840	0.4801	0.4761	0.4721	0.4681	0.4641
0.1	0.4602	0.4562	0.4522	0.4483	0.4443	0.4404	0.4364	0.4325	0.4286	0.4247
0.2	0.4207	0.4168	0.4129	0.4090	0.4052	0.4013	0.3974	0.3936	0.3897	0.3859
0.3	0.3821	0.3783	0.3745	0.3707	0.3669	0.3632	0.3594	0.3557	0.3520	0.3483
0.4	0.3446	0.3409	0.3372	0.3336	0.3300	0.3264	0.3228	0.3192	0.3156	0.3121
0.5	0.3085	0.3050	0.3015	0.2981	0.2946	0.2912	0.2877	0.2843	0.2810	0.2776
⋮										
1.8	0.0359	0.0351	0.0344	0.0336	0.0329	0.0322	0.0314	0.0307	0.0301	0.0294
1.9	0.0287	0.0281	0.0274	0.0268	0.0262	0.0256	0.0250	0.0244	0.0239	0.0233
2.0	0.0228	0.0222	0.0217	0.0212	0.0207	0.0202	0.0197	0.0192	0.0188	0.0183

手順 5　検定の考え方の妥当性を確認 — 棄却域に入る確率の計算

表が2回未満または9回以上出た場合は，硬貨が正常という帰無仮説 H_0 は棄却されます．この場合の出現確率を実際に計算して，このようなことは稀なのかを確認します．

表が9，10回出る確率と裏が9，10回出る確率とを加えた二項分布の式 (2.9) より，

$$
\begin{aligned}
&2(\text{表と裏}) \times \left\{ {}_{10}\mathrm{C}_9 \left(\frac{1}{2}\right)^9 \left(1-\frac{1}{2}\right)^{10-9} + {}_{10}\mathrm{C}_{10} \left(\frac{1}{2}\right)^{10} \left(1-\frac{1}{2}\right)^{10-10} \right\} \\
&\quad = 2 \times (0.010 + 0.001) = 0.022 \ (2.2\%)
\end{aligned}
$$

となり，100回投げた場合なら2回程度しか起こらず，大変稀であるとわかります．

□

本節の冒頭でT氏がY氏に尋ねた「硬貨を10回投げて表が7回出たとき，この硬貨は変造硬貨と思うか」に対して，この場合は帰無仮説 H_0 は棄却されないので，この程度なら変造硬貨であるとはいえません．すなわち，偶然の範疇であると考えます．

3.1.2　両側検定と片側検定

前項の硬貨の例では，対立仮説を $p \neq 1/2$ とし，**図 3.3**(a) のように標準正規分布の両側に棄却域を考えました．有意水準が $\alpha = 0.05$ のとき，右側の棄却域は「表が9回以上出る」，左側の棄却域は「裏が9回以上（表が1回以下）出る」を表しています．このように，対立仮説を $H_1 : p \neq k$（定数）とおくと棄却域が両側にくるので，これを**両側仮説**とよび，またそのような検定を**両側検定**とよびます．

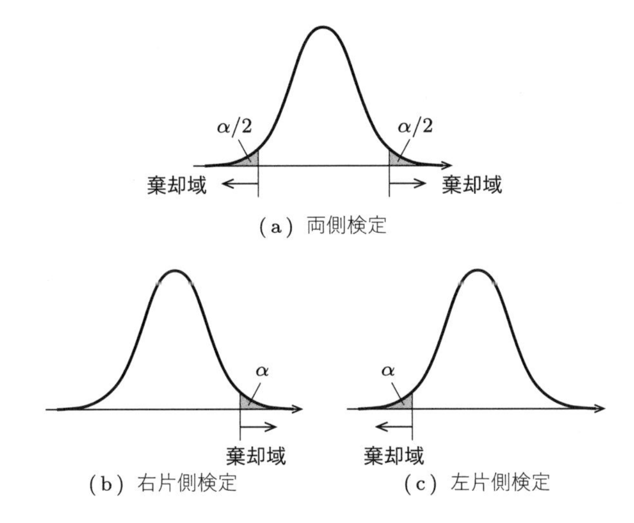

図 3.3　仮説のおき方と棄却域との関係

では，表が出やすい（裏が出やすい）変造硬貨かどうかを検定する場合はどうでしょうか？ 表が出やすいかを検定する場合は，式 (3.1) に代わって式 (3.5) を仮説におきます．

$$\begin{cases} H_0 : p = \dfrac{1}{2} & (p \text{ は } 1/2 \text{ である}) \\ H_1 : p > \dfrac{1}{2} & (p \text{ は } 1/2 \text{ より大きい，すなわち表が出やすい}) \end{cases} \tag{3.5}$$

対立仮説 H_1 が成り立つのは，$X-5$ が正で十分大きいときです．有意水準を $\alpha = 0.05$ とすると，図 3.3 (b) のように棄却域は標準正規分布の右側の 5% のみになります．巻末の標準正規分布表から $p = 0.05$ の値を読むと $z = 1.64$，すなわち

$$z = \frac{x-5}{1.58} > 1.64 \tag{3.6}$$

$$X > 7.59 \tag{3.7}$$

となり，硬貨を 10 回投げて 8 回以上表が出たら，帰無仮説 H_0 を棄却します．

表が出にくい（裏が出やすい）硬貨であることがわかっている場合も同様に，仮説として

$$\begin{cases} H_0 : p = \dfrac{1}{2} & (p \text{ は } 1/2 \text{ である}) \\ H_1 : p < \dfrac{1}{2} & (p \text{ は } 1/2 \text{ より小さい，すなわち表が出にくい}) \end{cases} \tag{3.8}$$

とおき，図 3.3 (c) のように左側のみの棄却域を考えます．

このように，$H_1 : p > k$（定数）の形の対立仮説を**右側仮説**，$H_1 : p < k$（定数）の形を**左側仮説**とよび，両者をあわせて**片側仮説**とよびます．また，このような検定を**片側検定**といいます．

3.1.3　検定での2種類の誤り

3.1.1 項で，有意水準 $\alpha = 0.05$（5%）は，帰無仮説 H_0 が成り立つときに，これを棄却する誤りの確率ともいえると述べました．このような統計学の誤りの確率ですが，実は2種類あります[†]（**表 3.2**）．

表 3.2　帰無仮説の成立/不成立と検定の結果

実際	検定の結果	検定の正しさ	確率
成立	採択	○	$1-\alpha$
	棄却	×第1種の誤り	α
不成立	採択	×第2種の誤り	β
	棄却	○	$1-\beta$

- **第1種の誤り**（error of the first kind）

  事例 3.1 の手順3で述べたように，帰無仮説 H_0 が成り立つのに棄却してしまう誤りの確率で，α で表します．これは，従来と変わっていないのに変わったと判断して，あわててアクションをとってしまう誤りで，**あわてものの誤り**ともよばれます．以降の説明が難しいと思われる方は，統計学の検定は，この第1種の誤り α の確率をもとに行うことを知っておけばよいでしょう．

  第1種の誤りを犯す確率を小さくしたい場合には，図 3.3 の確率 α を小さくとればよいのですが，そうすると棄却域は狭くなり，採択域は広くなります．しかし，採択域を広くとるということは，帰無仮説 H_0 が成り立っていないにもかかわらず，これを棄却しないという別の誤りを増大させることにもなります．

† このような2種類の誤り[4)]は，J. ネイマン (1894–1981) と E.S. ピアソン (1895–1980) が 1928 年に提起しました．

- **第 2 種の誤り**（error of the second kind）

  帰無仮説 H_0 が成り立っていないにもかかわらず，これを棄却しない誤りであり，その確率を β で表します．すなわち，従来と変わったのでアクションをとる必要があるのに，ぼんやりしていてアクションをとらない誤りであり，**うっかりものの誤り**ともよばれます．

  なお，帰無仮説 H_0 が成り立っていないときに，そのことを正しく検出する確率は $1-\beta$ で表され，これを**検出力**とよびます．

この α と β の誤りの確率の両方を小さくできればよいのですが，α と β はトレードオフの関係にあり，一方を減らそうとすると他方が増えます．そこで，有意水準である第 1 種の誤りの確率 α を通常は 0.05 と定めておき，第 2 種の誤りの確率 β を小さくするためには，サンプル数を増やすことが提案されています．

3.2 推　定

K 社は防臭フィルターを製造販売しています．家電メーカー A の冷蔵庫に自社製品が採用されていましたが，他社が優れた製品を出したのを機に，その他社製品に置き換えられました．そこで K 社は，関係者の英知を集めて，他社製品の製法特許を侵害しないように，より優れた防臭フィルターの開発を行いました．

その開発品が他社製品よりも防臭効果があることを検定で示すだけでなく，どれくらいの防臭性能を有しているかの推定値を求め，その結果をもって家電メーカー A へ出向きました．推定値の下限値でも，他社製品の防臭性能の平均値と同じであることを数値で示すことにより，家電メーカー A から深く信用され，冷蔵庫のフィルターが再び自社の開発品に置き換わったのです．

3.2.1 推定の考え方

推定は，性能にはばらつきがあるものの，そのばらつきを考慮しても，どれくらいの性能をもっているかという実力を示すのに有効な方法です．

推定には，**点推定**（point estimation）と**区間推定**（interval estimation）の 2 つがあります．

次の簡単な事例を通して，点推定や区間推定の手順を示し，推定の考え方を解説します．

事例 3.2　**会社員の小遣いの推定**

大阪在住の会社員3人に毎月の小遣いを尋ねたところ4万円，5万円，6万円でした．このデータは，分散 1^2 の正規分布に従っているとします．この金額は母集団の小遣いを言い当てているでしょうか？

解答

手順1　点推定を行う

小遣いのデータから計算した平均が点推定値です．

3人の小遣いの平均を計算すると5.0万円になります．これより，標本集団の中心の値（平均）が求まり，その平均が**点推定**になります．

ところが，この点推定だけでは，どれだけの大阪在住会社員の小遣いとして言い当てているのかがわかりません．そこで標本データの分散（ばらつき）を加味して，平均がほぼ含まれる区間（幅）をもたせた推定を行います．これを**区間推定**といいます．

手順2　区間推定を行う

小遣いのデータの分散（ばらつき）から，平均の区間推定を行います．

平均 $\overline{x}$ は正規分布 $N(\mu, \sigma^2/n)$ に従います（2.5節(1)）．これを標準化するために，

$$z = \frac{\overline{x} - \mu}{\sqrt{\sigma^2/n}} \tag{3.9}$$

とおきます（式(2.23)参照）．

有意水準を $\alpha = 0.05$（5%）と決めると，**図3.4**に示すように，区間推定は，両

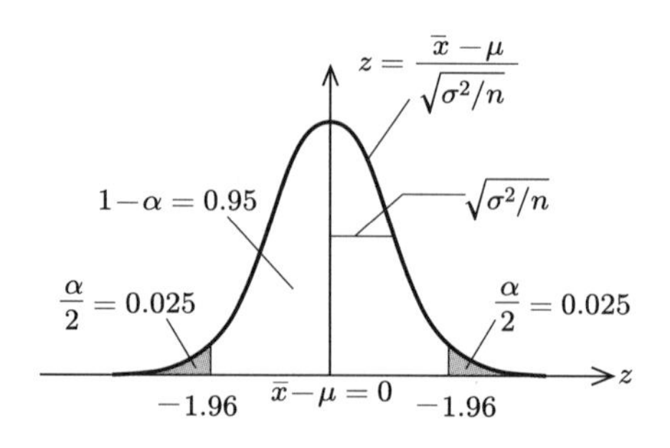

図3.4　信頼区間 $1-\alpha$ の区間推定 ($\alpha = 0.05$)

側からそれぞれ確率 $\alpha/2 = 0.025$ の領域を除いた区間，すなわち中央の確率 $1-\alpha$ (95%) の区間を求めることになります．

検定の場合と同様に，巻末の標準正規分布表から $\alpha/2 = 0.025$ に対応する値を求めると $z = 1.96$ となるので，95% の区間推定は次のようになります．

$$-1.96 < \frac{\overline{x}-\mu}{\sqrt{\sigma^2/n}} < 1.96$$

$$\Rightarrow \quad \overline{x} - 1.96\sqrt{\frac{\sigma^2}{n}} < \mu < \overline{x} + 1.96\sqrt{\frac{\sigma^2}{n}} \tag{3.10}$$

この式に $n = 3$, $\overline{x} = 5.0$, $\sigma^2 = 1^2$ を代入して計算すると，平均の 95% 区間推定が求められます．

$$5.0 - 1.96\sqrt{\frac{1^2}{3}} < \mu < 5.0 + 1.96\sqrt{\frac{1^2}{3}} \quad \Rightarrow \quad 3.87 < \mu < 6.13 \tag{3.11}$$

すなわち，大阪在住の会社員の小遣いは 3.87 万円～6.13 万円で，この範囲は母集団の小遣いのほぼ 95% (0.95) を言い当てているとなります．□

点推定だけでなく，区間推定（一般には 95% の区間推定）を行うと，その特性値の該当する範囲を推定できます．区間推定は，その判断がどれだけ言い当てられているかの確率が与えられるので，点推定よりも安心して使えます．そして，この確率 0.95 を**信頼係数**（confidence coefficient）または**信頼率**といい，その確率の区間が 95% の**信頼区間**となります．

なお，信頼区間の下端，上端をそれぞれ**下側信頼限界**（lower confidence limit），**上側信頼限界**（upper confidence limit）といい，下側信頼限界から上側信頼限界までの区間を**両側信頼区間**（two-sided confidence interval）といいます．

3.2.2 推定の精度

推定の精度を上げるには，サンプル数を増やすことが効果的です．そのことを次の事例で示します．

事例 3.3　総理大臣の支持率の推定

「A 総理の支持率は 53% ($p = 0.53$) である」という新聞報道がありました．この数字から，国民の半分以上が本当に A 総理を支持しているかわかるでしょうか？

解答　この調査では，何人を対象に実施されたのかによって結果は異なります．第4章でも解説しますが，支持率 $\hat{P}$ の 95% の信頼区間は

$$p - 1.96\sqrt{\frac{p(1-p)}{n}} < \hat{P} < p + 1.96\sqrt{\frac{p(1-p)}{n}}$$

で求められます．以下に結果を示します．

(1) 100 人に聞いた場合（$n = 100$）

信頼区間は

$$0.53 - 1.96\sqrt{\frac{0.53(1-0.53)}{100}} < \hat{P} < 0.53 + 1.96\sqrt{\frac{0.53(1-0.53)}{100}}$$
$$\Rightarrow \quad 0.432 < \hat{P} < 0.628$$

すなわち 43.2〜62.8% の範囲となり，ひょっとすると国民の半分も A 総理を支持していないかもしれません．

(2) 1000 人に聞いた場合（$n = 1000$）

同様に計算します．

$$0.499 < \hat{P} < 0.561$$

信頼区間は 49.9〜56.1% の範囲となり，半分近くが A 総理を支持しています．

(3) 10000 人に聞いた場合（$n = 10000$）

$$0.520 < \hat{P} < 0.540$$

信頼区間は 52.0〜54.0% の範囲となり，A 総理の支持率はほぼ 53.0% といえます．

このように，標本数 n が大きければ結果の信頼度は高まります．　□

コラム3　有意水準はなぜ 5% か [5),6)]

藤沢偉作[5),6)] らにより，「なぜ有意水準は 5%」なのかの調査研究が進められましたが，結果的には明確な根拠は見出されませんでした．

有意水準 5% 説は，統計学の発展に多大な貢献をした R.A. フィッシャー (1890–1962) の逸話が有名です．フィッシャーがローザムステッド農地試験所に勤務したときに，20 年の間に 1 回くらいは間違った報告をしてしまうかもしれない，しかし，この程度なら「稀」

で許してもらえるだろうと考えたからだと言われています．ただ実際は，フィッシャー以外の人が言ったようです．その人は「フィッシャーは推計統計学を確立した際に，有意水準を決める段になってどうしようかと考えた．彼は当時 30 歳で，50 歳まではローザムステッド農地試験所で研究を続け，その後は釣りでもしながら悠々自適の余生を送ろうと思っていた．そこで，彼は『農作物が相手だから，これから毎年 1 回ずつ実験をするとして，20 年間に 20 回できることになる．まあ，一生に一度ぐらいは間違いを犯しても，神様はお許しくださるだろう』と考えて，20 回に 1 回間違える確率を有意水準 5% としたのでは」という話をしたようです．この話を聞いたフィッシャー自身が，「なるほど，それはうまい話だ．実は私も，なぜ 5% を使うのかの説明を求められて困っていた．これからはそのように答えることにしよう」と言ったといわれています．

フィッシャーの著書 “Statistical Methods for Research Workers” [7] の Chapter III Distributions の 12. The Normal Distribution の本文中に，

> $P = 0.05$ *or* 1 *in* 20*, is* 1.96 *or nearly* 2*; it is convenient to take this point as a limit in judging whether a deviation is to be considered significant or not*

と記述されており，それらしいことが示されています．

有意水準は 5% でも 1% でもどちらでもかまわないのですが，この % の数字は生活習慣と関係が深く，R.P. ファインマン (1918–1988)[8] は，欧米の社会ではめったに起こらない確率として，この 20 対 1 の 5% がよく使われるとしています．一方，日本では九分九厘大丈夫とかの表現があるように 1% を使いたがるようです．

本章のまとめ

- 改善効果を確認するには，検定が有効である．
- ある特性値の開発成果を測るには，推定が有用である．

パラメトリック検定

— 特定の分布を仮定する場合の検定と推定 —

検定には，**パラメトリック検定**と**ノンパラメトリック検定**とがあります．

パラメトリック検定は，検定するデータに何らかの分布を仮定する検定法です．たとえば，ゴムベルトの引張強度をより強くするために特殊加工を施したとします．この特殊加工により本当にゴムベルトが強くなったかを確かめるには，正規分布を仮定して検定を行います．

パラメトリック検定は，**図 4.1** に示すように，データの種類や対象集団の数，対象とする統計量で分類されます．

これだけだとイメージが湧きにくいと思いますので，それぞれの事例の概要を以下にまとめました．これらをもとに，どのような場合にどの検定と推定を行うかのイメージをつかみましょう．

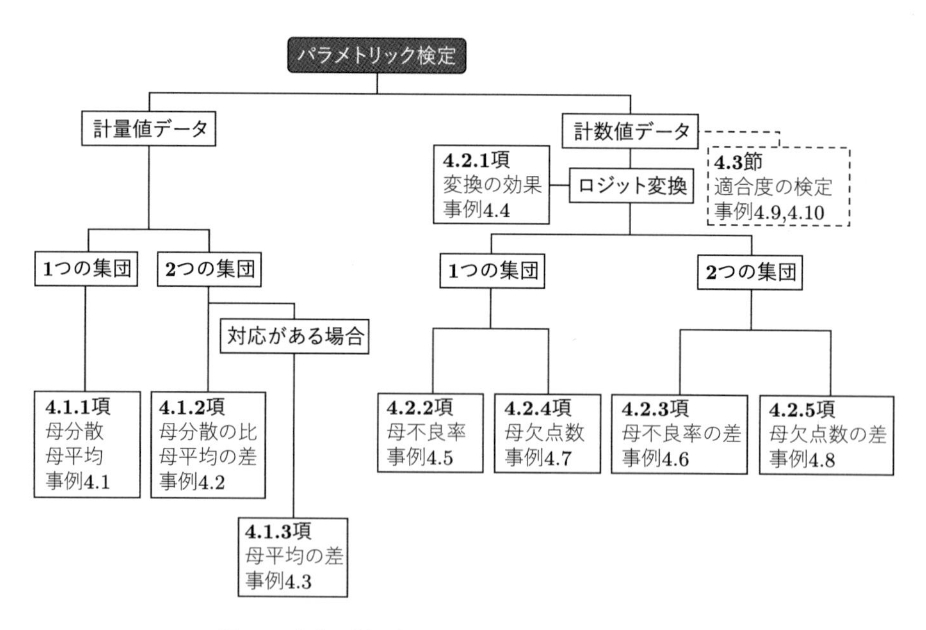

図 4.1 本書で説明するパラメトリック検定法の体系図

事例 4.1：設備改善により，長年製造していた製品の強度は向上したか？

── 既知の母分散と母平均に対して，設備改善後の製品集団（1 つの集団）の強度の分散が母分散と同じか，平均は母平均より増加したかの検定と推定

事例 4.2：新しく開発した接着剤は従来品よりも接着力が向上したか？

── 新製品と従来品（2 つの集団）の接着力において，その分散に違いが生じていないか，新製品は従来品より平均接着力が向上したかの検定と推定

事例 4.3：減量効果をうたうサプリメントの服用により，本当に減量できたのか？

── 薬の服用前後のように，データに対応がある場合における，体重の平均の差の検定と推定

事例 4.4：非常に小さな値である不良率の差をどのように扱うか？

── ロジット変換

事例 4.5：5% だった電子基板の不良率が，作業改善により減少したといえるか？

── 母不良率が既知であるときに，改善後の集団（1 つの集団）における不良率が母不良率よりも減ったかの検定と推定

事例 4.6：A 社と B 社から仕入れた原料とでは，自社の製造品において不良率の出方に違いが生じるか？

── A 社と B 社の 2 つの集団において，母不良率の出方に違いがあるかの検定と推定

事例 4.7：100 m^2 あたり 3 個であったキズの数が，工程改善により減少したといえるか？

── 母欠点数が既知であるときに，改善後（1 つの集団）における欠点数が，母欠点数よりも減ったかの検定と推定

事例 4.8：2 つの製造ライン A，B において，表面キズの出方に違いがあるか？

── 製造ライン A，B の 2 つの集団において，母欠点数の出方に違いがあるかの検定と推定

事例 4.9：ATM の停止トラブルは，特定の曜日に発生しやすいか？

── 1 つの特性項目における適合度の検定

事例 4.10：熟成時間ごとに甘み評価を行った結果から，両者の関連性が見出せるか？
—— 2つの特性項目における適合度の検定

以上の検定と推定は，いずれも次の手順に従って進めます．

手順 0：対象の統計量を決める
手順 1：帰無仮説，対立仮説を定める
手順 2：有意水準を決める（一般には5%）
手順 3：検定統計量を計算する
手順 4：帰無仮説が棄却されるかを判断する
手順 5：信頼率95%（90%）の区間推定を行う

手順0の検定統計量の説明は少し理解しにくいかもしれません．慣れてくれば意味もわかってきますので，最初は公式のつもりで使い，手順に沿って計算間違いのないように検定と推定を進めましょう．

4.1 計量値データの検定と推定

第1章で説明したように，計量値とは測定して求めたデータのことです．ほとんどの計量値データの確率分布は正規分布に従うことを前提とします．

これから，第2章で紹介した各統計量の確率分布を用いて検定と推定を進めます．

4.1.1 1つの集団における母分散と母平均の検定と推定

長年（$n \to \infty$）製造している定番品の特性の平均や分散は，母数にほぼ相当します．この場合の改善効果を確かめるには，母数を既知とし，改善後のデータから検定と推定を行います．事例4.1を通じて，その方法を説明します．まず，改善後の特性値のばらつきに変化がないことを確かめます．

事例 4.1　A工場において長年製造している特殊糸の強度は，母平均が45.0（単位省略），母標準偏差が$\sigma = 5.00$，母分散が$\sigma^2 = 5.00^2$でした．このたび特殊糸の強度を向上させるために設備改善を行い，標本の強度を5回測定したところ，強度の値xおよび得られた統計量は次のようになりました．

測定データ x：50.0, 45.0, 57.0, 43.0, 55.0

サンプル数：$n = 5$

合計：$\sum x = 250.0$, $\sum x^2 = 12648.00$

平均：$\overline{x} = \sum \frac{x}{n} = \frac{250.0}{5} = 50.0$

偏差平方和：$S = \sum x^2 - \left(\sum x\right)^2 / n = 12648.00 - \frac{250^2}{5} = 148.00$

（式 (1.4)）

改善後の強度が平均で 5.0 増えました．本格的に他の系列も設備改善を進めてよいかを検討します．

解答

(1)　母分散に関する検定と推定 ― 設備改善後に強度のばらつきは変化したか

まず，設備改善後の強度のばらつきが，長年の製造時のばらつき（母分散 $\sigma^2 = 5.0^2$）と変わっていないかを確認します．

手順 0　対象の統計量を決める

ばらつきが対象なので，式 (2.24) を利用します．

n 個の標本データがたがいに独立に正規分布 $N(\mu, \sigma^2)$ に従うとき，その検定統計量は

$$\chi_0^2 = \frac{S}{\sigma^2} \tag{4.1}$$

であり，自由度 $\nu = n - 1$ の χ^2 分布に従う．

χ_0^2 値は分母・分子とも正なので，**図 4.2** のように 0 から始まる確率分布で，全体の面積は 1（100%）です．

手順 1　帰無仮説，対立仮説を定める

帰無仮説 H_0：$\sigma^2 = 5.00^2$（母分散と等しい）

対立仮説 H_1：$\sigma^2 \neq 5.00^2$（母分散とは異なる．両側仮説）

強度を向上させるための改善であり，ばらつきを小さくするための改善ではないので，ばらつきが小さくなる片側仮説はおけません．

手順 2　有意水準を決める

有意水準：$\alpha = 0.05$

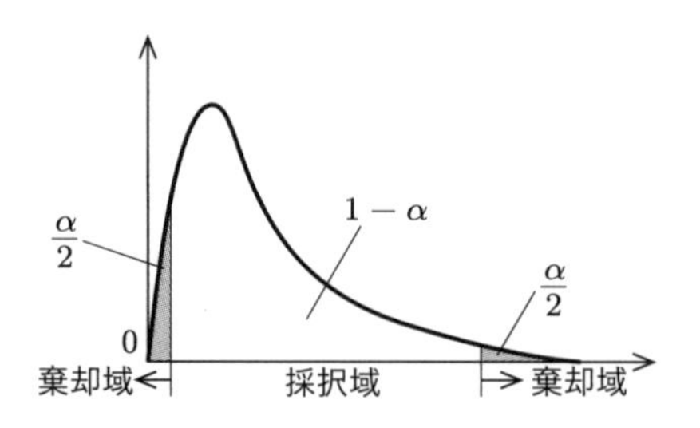

図 4.2　χ^2 分布での棄却域

検定統計量 χ_0^2 は自由度 $\nu = n - 1$ の χ^2 分布に従うので，図 4.2 のように両側仮説の棄却域を設定します．

巻末の χ^2 分布表から自由度 $\nu = 5 - 1 = 4$ での値を読み取ると，棄却域は次のようになります（**表 4.1**）．

$$\chi_0^2 < 0.484 \quad \text{または} \quad \chi_0^2 > 11.14 \tag{4.2}$$

表 4.1　χ^2 分布表（一部）

ν \ α	0.995	0.990	0.975	0.950	0.900	0.750	0.500	0.250	0.100	0.050	0.025	0.010	0.005
1	0.0^4393	0.0^3157	0.0^3982	0.0^2393	0.0158	0.1015	0.4549	1.323	2.706	3.841	5.024	6.635	7.879
2	0.0100	0.0201	0.0506	0.1026	0.2107	0.5754	1.386	2.773	4.605	5.991	7.378	9.210	10.60
3	0.0717	0.1148	0.2158	0.3518	0.5844	1.213	2.366	4.108	6.251	7.815	9.348	11.34	12.84
4	0.2070	0.2971	0.4844	0.7107	1.064	1.923	3.357	5.385	7.779	9.488	11.14	13.28	14.86
5	0.4117	0.5543	0.8312	1.145	1.610	2.675	4.351	6.626	9.236	11.07	12.83	15.09	16.75
6	0.6757	0.8721	1.237	1.635	2.204	3.455	5.348	7.841	10.64	12.59	14.45	16.81	18.55
7	0.9893	1.239	1.690	2.167	2.833	4.255	6.346	9.037	12.02	14.07	16.01	18.48	20.28

手順 3　検定統計量を計算する

$\sigma^2 = 5.00^2$，$S = 148.00$ を式 (4.1) に代入し，検定統計量 χ_0^2 値を計算します．

$$\chi_0^2 = \frac{S}{\sigma^2} = \frac{148.00}{5.00^2} = 5.92 \tag{4.3}$$

手順 4　帰無仮説が棄却されるかを判断する

手順 3 で求めた χ_0^2 値は手順 2 の棄却域に入らないため，帰無仮説 H_0 は棄却されません．よって，$n = 5$ の強度のばらつきは，従来のばらつきの 5.00^2 から変わったとはいえません．

手順 5 信頼率 95% の区間推定を行う

信頼率 95% で強度の母分散の信頼区間を求めます．$S = 148.00$ を式 (1.5) に代入し，母分散 σ^2 の点推定 $\hat{\sigma}^2$ を求めます．

$$\hat{\sigma}^2 = V = \frac{S}{n-1} = \frac{148.00}{5-1} = 37.00 = 6.08^2 \qquad (4.4)$$

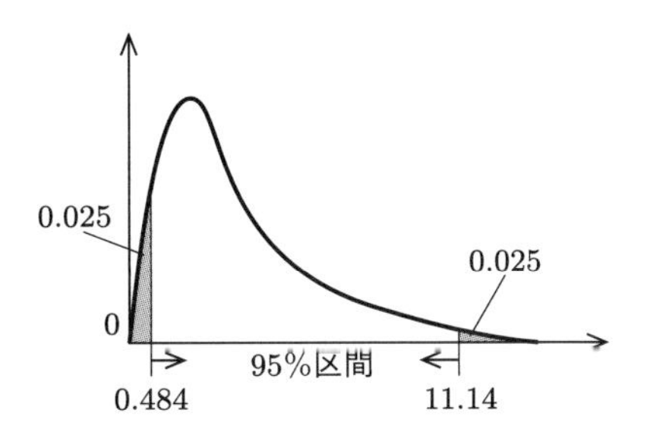

図 4.3 母分散の信頼率 95% の区間

図 4.3 より，χ_0^2 の採択域は $0.484 \leq \chi_0^2 \leq 11.14$ なので，$\chi_0^2 = S/\sigma^2$，$S = 148.00$ を代入して変形すると，

$$\frac{148.00}{11.14} = 13.29 \leq \sigma^2 \leq \frac{148.00}{0.484} = 305.79$$

上側信頼限界： $\sigma_U^2 = 305.79 = 17.49^2 \qquad (4.5)$

下側信頼限界： $\sigma_L^2 = 13.29 = 3.65^2 \qquad (4.6)$

となります．この区間には設備改善前の母分散 5.00^2 を含むことから，従来のばらつきから変わったとはいえないことがわかります．

(2) 母平均に関する検定と推定 ― 設備改善後に強度は向上したか

ばらつきが変わっていないことが確かめられたので，次に，設備改善により特殊糸の強度が向上したか母平均の検定を行います．

手順 0 対象の統計量を決める

平均が対象なので，t 分布の式 (2.25) を利用します．

> n 個の標本データがたがいに独立に正規分布 $N(\mu, \sigma^2)$ に従うとき，その検定統計量は
>
> $$t_0 = \frac{\overline{x} - \mu}{\sqrt{s^2/n}} \qquad (4.7)$$
>
> であり，自由度 $\nu = n - 1$ の t 分布に従う．

t_0 値は分母は正ですが，分子は差で正負になるので，**図 4.4** のように 0 に対して左右対称の確率分布で，全体の面積は 1（100%）です．

手順 1　帰無仮説，対立仮説を定める

帰無仮説 H_0：$\mu = 45.00$（母平均と等しい）

対立仮説 H_1'：$\mu > 45.00$（平均が増加した）

設備改善により強度が向上したかを調べるので，H_1'：$\mu > 45.00$ の右側仮説となります．

手順 2　有意水準を決める

有意水準：$\alpha = 0.05$

検定統計量 t_0 は自由度 $\nu = n - 1$ の t 分布に従うので，右側仮説の棄却域は図 4.4 のようになります．

巻末の t 分布表から自由度 $\nu = 5 - 1 = 4$ での値を読み取ると，棄却域は次のようになります（**表 4.2**）．

$$t_0 > 2.132 \tag{4.8}$$

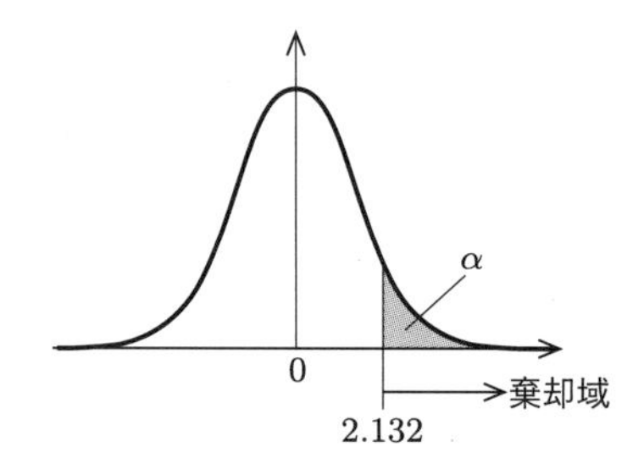

図 4.4　t 分布での右側棄却域

表 4.2　t 分布表（一部）

ν \ α	0.250	0.200	0.150	0.100	0.050	0.025	0.010	0.005	0.0005
1	1.000	1.376	1.963	3.078	6.314	12.706	31.821	63.657	636.619
2	0.816	1.061	1.386	1.886	2.920	4.303	6.965	9.925	31.599
3	0.765	0.978	1.250	1.638	2.353	3.182	4.541	5.841	12.924
4	0.741	0.941	1.190	1.533	2.132	2.776	3.747	4.604	8.610
5	0.727	0.920	1.156	1.476	2.015	2.571	3.365	4.032	6.869
6	0.718	0.906	1.134	1.440	1.943	2.447	3.143	3.707	5.959
7	0.711	0.896	1.119	1.415	1.895	2.365	2.998	3.499	5.408

手順 3　検定統計量を計算する

$\overline{x} = 50.00$，$\mu = 45.00$，$s^2 = 37.00$ を式 (4.7) に代入し，検定統計量 t_0 値を計算します．

$$t_0 = \frac{50.00 - 45.00}{\sqrt{37.00/5}} = 1.838 \tag{4.9}$$

手順 4　帰無仮説が棄却されるかを判断する

手順 3 で求めた t_0 値は手順 2 の棄却域に入らないため，帰無仮説 H_0 は棄却されません．よって，平均強度は，従来の平均 45.0 より向上したとはいえません．

手順 5 信頼率 95% の区間推定を行う

母平均の点推定は $\hat{\mu} = \overline{x} = 50.0$ です．設備改善後の強度の母平均の信頼率 95% の信頼区間は，**図 4.5** のように t 分布の両側に $2.5\% = 0.025$ ずつ配置されます．表 4.2 において $\alpha = 0.025$ の値を読み取ると 2.776 なので，

$$-2.776 \leq t_0 \leq 2.776$$

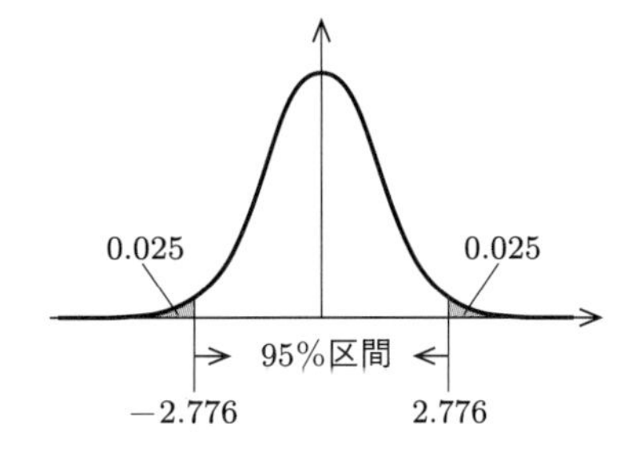

図 4.5 母平均の信頼率 95% の区間

となり，これに $t_0 = \dfrac{\overline{x} - \mu}{\sqrt{s^2/n}}$，$s^2 = 37.00$，$n = 5$，$\overline{x} = 50.0$ を代入して変形すると，

$$50.0 - 2.776\sqrt{\frac{37.00}{5}} = 42.45 \leq \mu \leq 50.0 + 2.776\sqrt{\frac{37.00}{5}} = 57.55$$

$$\text{上側信頼限界：} \mu_U = 57.55 \tag{4.10}$$

$$\text{下側信頼限界：} \mu_L = 42.45 \tag{4.11}$$

となります．下側信頼限界が設備改善前の母平均 45 を下回ることから，強度が向上したとはいえないことがわかります． □

4.1.2 2 つの集団における母分散の比と母平均の差の検定と推定

添加物の変更前後で，接着剤の接着力が変化したかどうかを調べます．このようなときは，変更前と変更後の 2 つの集団における接着力の平均値の差を検定します．

図 4.6 は，変更前後における接着力の平均と分散を示しています．図 (a) と図 (b) ではそれぞれの平均は同じですが，図 (a) では分散が等しいのに対し，図 (b) は分散が異なっています．図 (a) と図 (b) とでは，明らかに図 (b) よりも図 (a) のほうが接着力に差があるように見えます．

このように，接着力に差があるかを検定する前には，まずばらつき（分散）に違いがあるかを確認してから，その差の検定を進めます．事例 4.2 を通じて，その方法を説明します．

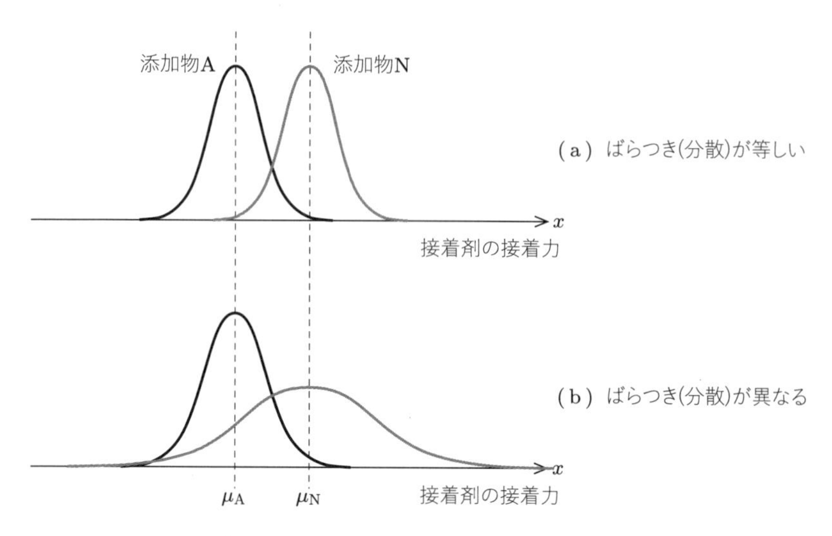

図 4.6　2つの集団において平均の差は同じだが分散が異なる場合の比較

事例 4.2　金属用の接着剤を開発しています．データB（Before）は，従来品で接着した試験品をランダムに10個抜き取って接着力を測定した値です．一方，データA（After）は，開発品で接着した試験品をランダムに8個抜き取って接着力を測定した値です（単位省略）．それぞれのデータと各統計量は次のようになりました．

データB：96.0, 105.0, 101.0, 99.0, 103.0, 97.0, 100.0, 101.0, 95.0, 103.0

サンプル数：$n_B = 10$,　合計：$\sum x_B = 1000.0$,　$\sum x_B^2 = 100096.0$

平均：$\bar{x}_B = \dfrac{1000.0}{10} = 100.0$

偏差平方和：$S_B = \sum x_B^2 - \dfrac{(\sum x_B)^2}{n_B} = 100096.0 - \dfrac{1000.0^2}{10} = 96.0$

分散：$V_B = \dfrac{S_B}{\nu_B} = \dfrac{96.000}{10-1} = 10.667$

データA：98.0, 110.0, 108.0, 106.0, 107.0, 104.0, 99.0, 108.0

サンプル数：$n_A = 8$,　合計：$\sum x_A = 840.0$,　$\sum x_A^2 = 88334.0$

平均：$\bar{x}_A = \dfrac{840.0}{8} = 105.0$

偏差平方和：$S_A = \sum x_A^2 - \dfrac{(\sum x_A)^2}{n_A} = 88334.0 - \dfrac{840.0^2}{8} = 134.0$

分散：$V_A = \dfrac{S_A}{\nu_A} = \dfrac{134.0}{8-1} = 19.143$

開発品 A は従来品 B に比べて接着力が向上したといえるでしょうか？

解答

(1) 2 つの母分散の比に関する検定と推定

手順 0　対象の統計量を決める

2 つの異なる集団の接着力のばらつき（分散）に違いがあるかを調べるには，式 (2.26) を利用します．

> n_A 個の標本データが正規分布 $N(\mu_A, \sigma_A^2)$ に従い，さらにそれらと異なる n_B 個の標本データが正規分布 $N(\mu_B, \sigma_B^2)$ に従うとき，$\sigma_B^2 = \sigma_A^2$ を帰無仮説とすることを念頭におくと，その検定統計量は
>
> $$F_0 = \frac{s_A^2/\sigma_A^2}{s_B^2/\sigma_B^2} = \frac{V_A/\sigma_A^2}{V_B/\sigma_B^2} = \frac{V_A}{V_B} \tag{4.12}$$
>
> （帰無仮説 $\sigma_B^2 = \sigma_A^2$ より $V_B = s_B^2$，$V_A = s_A^2$）
>
> であり，自由度 $(n_A - 1,\ n_B - 1)$ の F 分布に従う．

F_0 値は分母も分子も正なので，**図 4.7** のように 0 から始まる確率分布で，全体の面積は 1（100%）です．

手順 1　帰無仮説，対立仮説を定める

帰無仮説 H_0：$\sigma_B^2 = \sigma_A^2$（2 つの集団の分散が等しい）

対立仮説 H_1：$\sigma_B^2 \neq \sigma_A^2$（分散が異なる．両側仮説）

手順 2　有意水準を決める

両側仮説の有意水準を α とすると，図 4.7 のように分散が大きくなった場合の F_0 値の大きいほうに $\alpha/2 = 0.05$（5%），分散が小さくなった場合の F_0 値の小さいほうに $\alpha/2 = 0.05$（5%）を配置します．

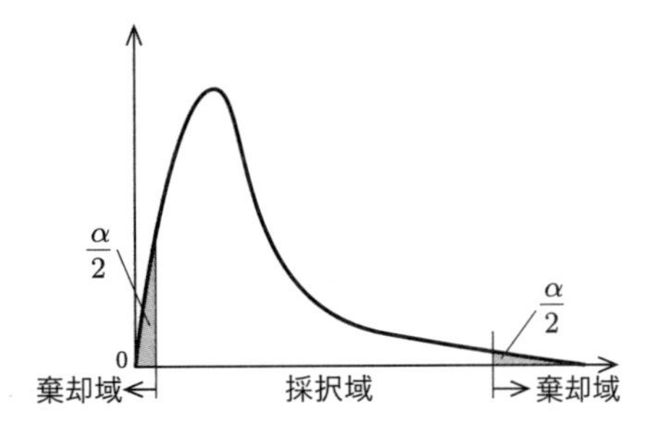

図 4.7　F 分布での棄却域

帰無仮説下で構成される検定統計量 F_0 は，必ず分散の大きいほうを分子，小さいほうを分母にしますので，F_0 値は必ず 1 以

表 4.3　F 分布表（一部）

ν_2 \ ν_1	1	2	3	4	5	6	7	8	9	10
1	161.4	199.5	215.7	224.6	230.2	234.0	236.8	238.9	240.5	241.9
2	18.5	19.0	19.2	19.2	19.3	19.3	19.4	19.4	19.4	19.4
3	10.1	9.55	9.28	9.12	9.01	8.94	8.89	8.85	8.81	8.79
4	7.71	6.94	6.59	6.39	6.26	6.16	6.09	6.04	6.00	5.96
5	6.61	5.79	5.41	5.19	5.05	4.95	4.88	4.82	4.77	4.74
6	5.99	5.14	4.76	4.53	4.39	4.28	4.21	4.15	4.10	4.06
7	5.59	4.74	4.35	4.12	3.97	3.87	3.79	3.73	3.68	3.64
8	5.32	4.46	4.07	3.84	3.69	3.58	3.50	3.44	3.39	3.35
9	5.12	4.26	3.86	3.63	3.48	3.37	3.29	3.23	3.18	3.14
10	4.96	4.10	3.71	3.48	3.33	3.22	3.14	3.07	3.02	2.98

上になります．したがって，F_0 値の大きいほうだけ検定すればよく，その有意水準 $\alpha/2 = 0.05$ ならば，両側の有意水準は次のようになります．

　有意水準：$\alpha = 0.10$

$V_A > V_B$ なので F_0 値は自由度 $(n_A - 1, n_B - 1)$ の F 分布に従い，巻末の F 分布表[†]から，分子 V_A の自由度 $(n_A - 1) = 7$ の第1自由度，および分母 V_B の自由度 $(n_B - 1) = 9$ の第2自由度に対応する数値を読み取ると，棄却域は次のようになります（**表 4.3**）．

$$F_0 = \frac{V_A}{V_B} > F_{0.05}(7,9) = 3.29$$

$$F_0 = \frac{V_A}{V_B} < F_{0.95}(7,9) = \frac{1}{F_{0.05}(9,7)} = \frac{1}{3.68} = 0.272 \tag{4.13}$$

なお，F_0 値の小さいほうに 0.05 を配置した境界値は $F_{1-\alpha/2} = F_{0.95}$ で，この $F_{0.95}$ 値を分布表を用いて導くには，次の F 値の公式 (4.14) を利用して求めます．式 (4.13) の右側の 0.272 は式 (4.14) から求めています．

$$F_{1-\alpha/2}(\nu_A, \nu_B) = \frac{1}{F_{\alpha/2}(\nu_B, \nu_A)} \tag{4.14}$$

実際には，分散の大きいほうを F_0 値の分子におくので，両側仮説の棄却域は次のものを考えるだけでよくなります．

$$F_0 = \frac{V_A}{V_B} > 3.29 \tag{4.15}$$

手順 3　検定統計量を計算する

$V_A = 19.143$，$V_B = 10.667$ を式 (4.12) に代入し，検定統計量 F_0 を計算します．

† F 分布表の数値は，分散の大きいほうを分子とするので，常に 1 より大きくなります．

F 分布表の桁数に合わせて，小数第3位まで求めます．

$$F_0 = \frac{V_A}{V_B} = \frac{19.143}{10.667} = 1.795 \tag{4.16}$$

手順4 帰無仮説が棄却されるかを判断する

手順3で求めた F_0 値は手順2の棄却域に入らないため，帰無仮説 H_0 は棄却されません．よって，接着法の変更前後で接着力の強さのばらつきには違いがあるとはいえません．

手順5 信頼率90%の区間推定を行う

90%の信頼区間なので，**図4.8**のように，両側に5%ずつが配置されます．式(4.13)より F_0 の採択域は $0.272 \leq F_0 \leq 3.29$ なので，そこに $F_0 = (V_A/\sigma_A^2)/(V_B/\sigma_B^2)$，手順3の値1.795と，$V_A = 19.143$，$V_B = 10.667$ を代入して変形すると，

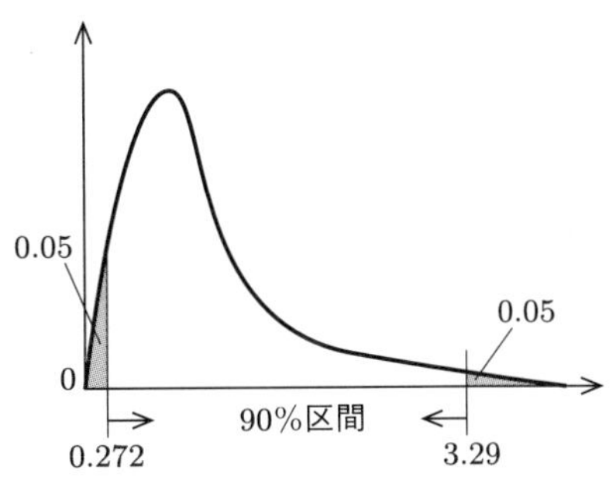

図4.8 母分散の比の信頼率90%の区間

$$1.795 \times \frac{1}{3.29} = 0.546 \leq \frac{\sigma_A^2}{\sigma_B^2} \leq 1.795 \times \frac{1}{0.272} = 6.599$$

$$\text{上側信頼限界：} \left(\frac{\sigma_A^2}{\sigma_B^2}\right)_U = 6.599 \tag{4.17}$$

$$\text{下側信頼限界：} \left(\frac{\sigma_A^2}{\sigma_B^2}\right)_L = 0.546 \tag{4.18}$$

となります．この区間には，母分散の比1（2つの分散は同じ）を含むことから，2つの集団の接着力のばらつきに違いがあるとはいえないことがわかります．

(2) 2つの母平均の差に関する検定と推定

開発品の接着力と従来品の接着力の分散には違いがなかったので，次に，開発品の平均接着力は従来品の平均接着力より大きくなったかを調べます．

手順0 対象の統計量を決める

従来品Bと開発品Aの接着力データはそれぞれ正規分布 $N(\mu_B, \sigma_B^2)$，$N(\mu_B, \sigma_B^2)$ に従うので，その平均 $\overline{x}_B$，$\overline{x}_A$ も $N(\mu_B, \sigma_B^2/n_B)$，$N(\mu_A, \sigma_A^2/n_A)$ に従います．かつ両者がたがいに独立ならば，$\overline{x}_A - \overline{x}_B$ も正規分布 $N(\mu_A - \mu_B, \sigma_A^2/n_A + \sigma_B^2/n_B)$

に従います．これを標準化します．

$$z = \frac{(\overline{x}_A - \overline{x}_B) - (\mu_A - \mu_B)}{\sqrt{\sigma_A^2/n_A + \sigma_B^2/n_B}} \in N(0, 1^2) \tag{4.19}$$

(1) の検定で $\sigma_A^2 = \sigma_B^2 = \sigma^2$ となったので，これを式 (4.19) に代入すると，次のように標準正規分布 $N(0, 1^2)$ に従う式になります．

$$z = \frac{(\overline{x}_A - \overline{x}_B) - (\mu_A - \mu_B)}{\sqrt{\sigma^2(1/n_A + 1/n_B)}} \in N(0, 1^2) \tag{4.20}$$

式 (4.20) の σ^2 は，下記の公式 (4.22) の平方和 S_A，S_B をプールした分散 V から推定し，σ^2 の代わりに分散 $\hat{\sigma}^2 = V$ を用います．これより，次の式を利用します．

> $\mu_A = \mu_B$ を帰無仮説とすることを念頭におくと，検定統計量は
>
> $$t_0 = \frac{\overline{x}_A - \overline{x}_B}{\sqrt{V(1/n_A + 1/n_B)}} \tag{4.21}$$
>
> となり，自由度 $\nu = \nu_A + \nu_B$ の t 分布に従う．

平方和 S_A，S_B を**プール（併合）した分散** $\hat{\sigma}^2 = V$ を，次式から求めます．この**プールした分散**の推定法を，同時推定法ともいいます．

$$\hat{\sigma}^2 = V = \frac{S_A + S_B}{\nu_A + \nu_B} = \frac{S_A + S_B}{(n_A - 1) + (n_B - 1)} = \frac{S_A + S_B}{n_A + n_B - 2} \tag{4.22}$$

手順1　帰無仮説，対立仮説を定める

帰無仮説 H_0：$\mu_A = \mu_B$（2 つの集団の平均が等しい）

対立仮説 H_1'：$\mu_A > \mu_B$（平均は増加した）

開発品により接着力を大きくしようとしたので，右側仮説となります．

手順2　有意水準を決める

有意水準：$\alpha = 0.05$

検定統計量 t_0 値は自由度 $\nu = \nu_A + \nu_B = (n_A - 1) + (n_B - 1) = (8-1) + (10-1) = 16$ の t 分布に従うので，**図 4.9** のような t 分布の右側に棄却域を定めます．

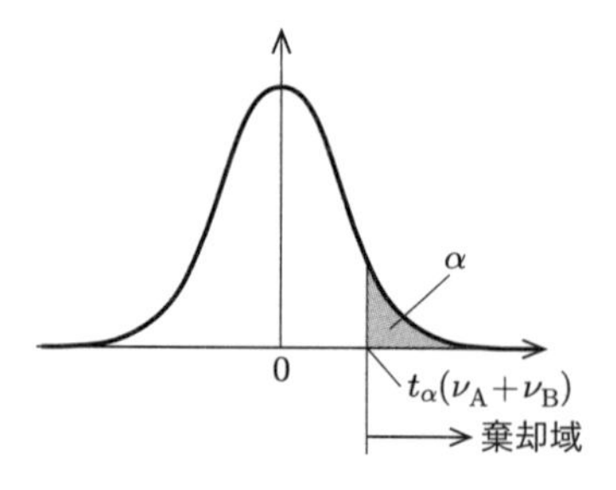

図 4.9　t 分布での棄却域

巻末の t 分布表から自由度 $\nu = 16$ での値を読み取ると，棄却域は式 (4.23) となります．

$$t_0 > t_{0.05}(16) = 1.746 \tag{4.23}$$

手順 3　検定統計量を計算する

$n_A = 8$，$n_B = 10$，$S_A = 134.0$，$S_B = 96.0$ を式 (4.22) に代入し，プールした分散 V を計算します．

$$V = \frac{S_A + S_B}{n_A + n_B - 2} = \frac{134.0 + 96.0}{8 + 10 - 2} = 14.375$$

この値と $\overline{x}_A = 840/8 = 105.0$，$\overline{x}_B = 1000.0/10 = 100.0$ を式 (4.21) に代入し，検定統計量 t_0 を計算します．

$$t_0 = \frac{\overline{x}_A - \overline{x}_B}{\sqrt{V(1/n_A + 1/n_B)}} = \frac{105.0 - 100.0}{\sqrt{14.375(1/8 + 1/10)}} = 2.780 \tag{4.24}$$

手順 4　帰無仮説が棄却されるかを判断する

手順 3 で求めた t_0 値は手順 2 の棄却域に含まれるので，帰無仮説 $H_0 : \mu_A = \mu_B$ は棄却されます．よって，開発品の接着力は強くなったと考えられます．

手順 5　信頼率 95% の区間推定を行う

95% 信頼区間なので，**図 4.10** のように t 分布の両側に 2.5% ずつが配置されます．巻末の t 分布表から $\alpha = 0.025$ の値を読み取ると 2.120 なので，

$$-2.120 \leq t_0 \leq 2.120$$

となります．

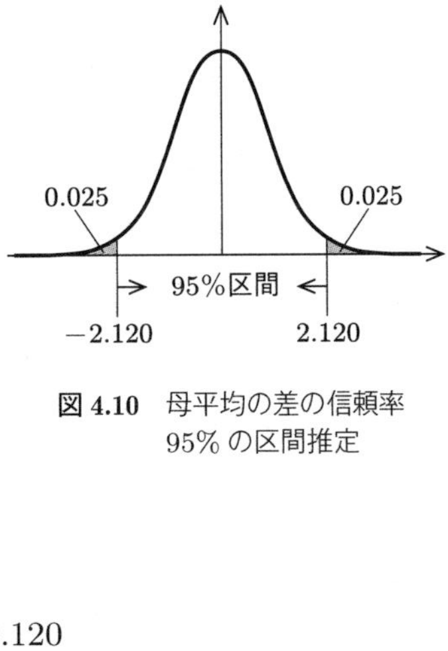

図 4.10　母平均の差の信頼率 95% の区間推定

ここで，手順 4 により帰無仮説が棄却されたため，$\mu_A \neq \mu_B$ です．この場合，t_0 は式 (4.21) ではなく式 (4.20) の分母の σ^2 を V で置き換えたものになります．これより，95% 区間は

$$-2.120 \leq t_0 = \frac{(\overline{x}_A - \overline{x}_B) - (\mu_A - \mu_B)}{\sqrt{V(1/n_A + 1/n_B)}} \leq 2.120$$

となり，この式に $n_A = 8$，$n_B = 10$，$\overline{x}_A - \overline{x}_B = 5.000$，$V = 14.375$ を代入して変形すると，

$$5.000 - 2.120\sqrt{14.375 \times \left(\frac{1}{8} + \frac{1}{10}\right)}$$
$$\leq \mu_{\mathrm{A}} - \mu_{\mathrm{B}} \leq 5.000 + 2.120\sqrt{14.375 \times \left(\frac{1}{8} + \frac{1}{10}\right)}$$
$$1.187 \leq \mu_{\mathrm{A}} - \mu_{\mathrm{B}} \leq 8.813$$

上側信頼限界：$(\mu_{\mathrm{A}} - \mu_{\mathrm{B}})_U = 8.813$　(4.25)

下側信頼限界：$(\mu_{\mathrm{A}} - \mu_{\mathrm{B}})_L = 1.187$　(4.26)

となります．下側信頼限界が正であることから，接着力の強さが向上したことが信頼区間からもわかります．□

補足　ウェルチの検定法

図4.6(b)のように「2つの集団の母分散が等しい」という前提が崩れたとき，すなわち分散 $\sigma_{\mathrm{A}}^2 \neq \sigma_{\mathrm{B}}^2 \Rightarrow V_{\mathrm{A}} \neq V_{\mathrm{B}}$ のときには，**ウェルチの検定法**[9)–11)] が利用できます．しかし，実際の製造現場では，比べる2つの分散 V_{A} と V_{B} の比が2以下の場合が多く，ウェルチの検定を行うことはあまりありません．品質管理では，分散の比が2以上になった場合には，分散が大きいほうの集団のばらつきを抑える工夫や改善を進めることを優先します．ウェルチの検定法を活用する機会は少ないため，本書では解説は省略します．

4.1.3　データに対応がある場合の母平均の差の検定と推定

事例4.2では，抜き出した従来品のサンプルAに手を加えて開発品のサンプルBをつくったわけではありません．したがって，変更前後のサンプルには対応がありません．

一方，サプリメントの服用前後のデータなどは，同じ人に対して前後のデータを取ることになるため，データに対応があります．事例4.3では，そのような対応のあるデータの差の検定と推定を行います．

事例 4.3　サプリメントZは，3週間毎朝服用すれば，減量効果が出るとうたっています．成人女性10人が3週間サプリメントZを服用した前後の体重(kg)を測定した結果を**表4.4**に示します．このとき，体重変化 d に対する各統計量は次のようになりました．

表 **4.4**　測定結果と差 d と d^2

女性 No.	1	2	3	4	5	6	7	8	9	10
服用前 B	67	61	65	57	63	64	55	58	66	53
服用前 A	63	58	70	53	60	62	50	59	61	48
差 d	4.0	3.0	−5.0	4.0	3.0	2.0	5.0	−1.0	5.0	5.0
d^2	16.0	9.0	25.0	16.0	9.0	4.0	25.0	1.0	25.0	25.0

サンプル数：$n=10$

合計：$\sum d_i = 25.0, \quad \sum d_i^2 = 155.0$

平均：$\overline{d} = \dfrac{\sum d_i}{n} = \dfrac{25.0}{10} = 2.50$

偏差平方和：$S_d = \sum d_i^2 - \left(\sum d_i\right)^2 \Big/ n = 155.0 - \dfrac{25.0^2}{10} = 92.5$

分散：$V_d = \dfrac{S_d}{n-1} = \dfrac{92.5}{9} = 10.278$

この結果から，サプリメント Z の減量効果が認められるかを検証します．

解答

手順 0　対象の統計量を決める

服用前 B と服用後 A の体重には対応があり，ここではその母平均 μ の差 $\delta = \mu_{\mathrm{B}} - \mu_{\mathrm{A}}$ を検定します．そこで，$d_i = x_{\mathrm{B}i} - x_{\mathrm{A}i}$ とおけば，対応のあるデータの差 $d_1, d_2, \ldots, d_n$ はたがいに独立に正規分布 $N(\mu_{\mathrm{B}} - \mu_{\mathrm{A}}, \sigma_d^2)$ に従い，$d_1, d_2, \ldots, d_n$ の平均 $\overline{d}$ も正規分布 $N(\overline{d}, \sigma_d^2/n)$ に従います．そこで，σ_d^2 を標本データから計算した分散 V_d で置き換えると，t 分布に従います（式 (2.25) 参照）．

$$t = \frac{\overline{d} - (\mu_{\mathrm{A}} - \mu_{\mathrm{B}})}{\sqrt{V_d/n}} \tag{4.27}$$

これより，次の式を利用します．

帰無仮説 H_0：$\mu_{\mathrm{B}} - \mu_{\mathrm{A}} = 0$ のもとでは，データに対応がある場合の母平均の差の検定統計量は

$$t_0 = \frac{\overline{d}}{\sqrt{V_d/n}} \tag{4.28}$$

となり，自由度 $\nu = n-1$ の t 分布に従う．

手順1　帰無仮説，対立仮説を定める

帰無仮説 H_0：$\delta = \mu_{\mathrm{B}} - \mu_{\mathrm{A}} = 0$（減量効果がない）

対立仮説 H_1'：$\delta > 0$（減量効果あり）

減量効果があれば $\delta > 0$ なので，対立仮説は右側仮説となります．

手順2　有意水準を決める

有意水準：$\alpha = 0.05$

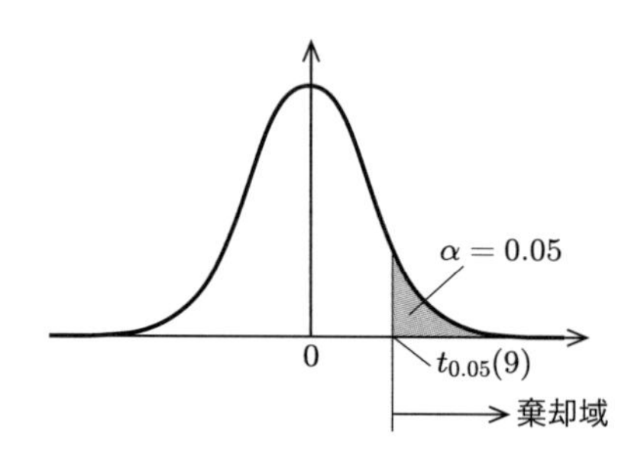

図 4.11　t 分布での棄却域

右側仮説の t 分布の棄却域は，**図 4.11** のように t 分布の右側に 5% が配置されます．巻末の t 分布表から自由度 $\nu = 10 - 1 = 9$ での値を読み取ると，棄却域は次のようになります．

$$t_0 > 1.833 \tag{4.29}$$

手順3　検定統計量を計算する

$n = 10$，平均 $\overline{d} = 2.50$，分散 $V_d = 10.278$ を式 (4.28) に代入し，検定統計量 t_0 値を計算します．

$$t_0 = \frac{\overline{d}}{\sqrt{V_d/n}} = \frac{2.50}{\sqrt{10.278/10}} = 2.466 \tag{4.30}$$

手順4　帰無仮説が棄却されるかを判断する

手順3で求めた t_0 値は手順2の棄却域に含まれるので，帰無仮説 H_0 は棄却されます．すなわち，サプリメントZの服用は減量効果があるといえます．

手順 5　信頼率 95% の区間推定を行う

95% 信頼区間なので，**図 4.12** のように t 分布の両側に 2.5% ずつが配置されます．

t 分布表から $\alpha = 0.025$ の値を読み取ると 2.262 なので，

$$-2.262 < t_0 < 2.262$$

となり，これに $t = \dfrac{\overline{d} - (\mu_{\mathrm{B}} - \mu_{\mathrm{A}})}{\sqrt{V_d/n}}$，$n = 10$，$\overline{d} = 2.50$，$V_d = 10.278$ を代入して変形すると，

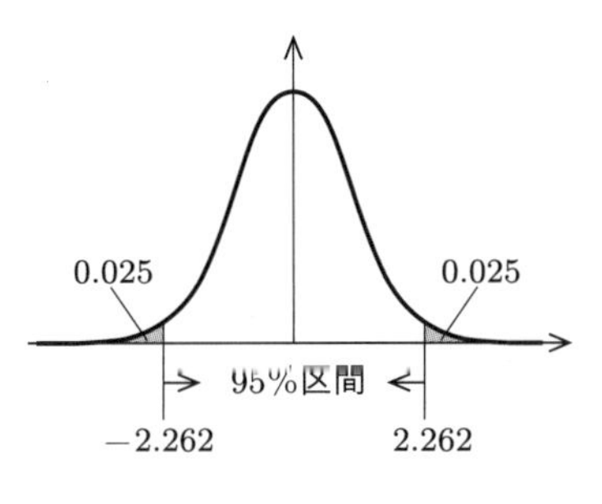

図 4.12　母平均の差の信頼率 95% の区間推定

$$2.50 - 2.262\sqrt{\frac{10.278}{10}} = 0.207 \leq \delta = \mu_{\mathrm{B}} - \mu_{\mathrm{A}}$$

$$\leq 2.50 + 2.262\sqrt{\frac{10.278}{10}} = 4.793$$

$$\text{上側信頼限界：} \delta_U = 4.793 \tag{4.31}$$

$$\text{下側信頼限界：} \delta_L = 0.207 \tag{4.32}$$

となります．下側信頼限界が正であることから，サプリメント Z の服用は減量効果があることが信頼区間からもわかります．□

4.2　不良・欠点数などの計数値データの検定と推定

内閣総理大臣の支持率 P や，あるロットで発生した不良品の数による不良率 P，液晶パネルのガラス基板 $100\,\mathrm{m}^2$ あたりのキズの数 Λ などのように，数えて得た計数値データの検定と推定について説明します．

4.2.1　ロジット変換

不良率 P，欠点数 Λ などの値を直接用いる検定と推定法がありますが，不良率は $0 \leq P \leq 1$ であり，欠点数も $\Lambda \geq 0$ で，直接の数値では，その範囲に制限が生じます．とくに不良率 P は，低い不良率 P からさらなる改善をするとなると，不良率の差は非常に小さい数値の差となり，精度の良い検定ができません．そのような場合に役立つ方法として，**ロジット変換**があります．

ロジット変換は，確率変数である不良率 P を対数オッズというものに変換して，データの値の範囲を広げる方法です．本書では，計数値データの検定と推定として，このロジット変換による方法を紹介します．まず，事例 4.4 を用いてロジット変換のやり方を説明します．

事例 4.4

表 4.5 は，各ロット（製品個数 $n = 100$ 個）における不良個数 x および不良率 P を示しています．製品すべてが不良だと不良率は $P = 1$ となり（ロット No.13），その値は $0 \leq P \leq 1$ に限られます．

ロジット変換を用いて，不良率の値がとる範囲を広げます．

表 4.5　製品 100 個あたりの不良率 P の変換

No.	製品個数 n	不良個数 x	不良率 P	オッズ $P/(1-P)$	修正不良率 P^*	オッズ $P^*/(1-P^*)$	ロジット $L(P^*)$
1	100	5	0.050	0.053	0.054	0.058	−2.854
2	100	10	0.100	0.111	0.104	0.116	−2.154
3	100	20	0.200	0.250	0.203	0.255	−1.368
4	100	30	0.300	0.429	0.302	0.433	−0.838
5	100	40	0.400	0.667	0.401	0.669	−0.401
6	100	45	0.450	0.818	0.450	0.820	−0.199
7	100	50	0.500	1.000	0.500	1.000	0.000
8	100	60	0.600	1.500	0.599	1.494	0.401
9	100	70	0.700	2.333	0.698	2.311	0.838
10	100	80	0.800	4.000	0.797	3.927	1.368
11	100	90	0.900	9.000	0.896	8.619	2.154
12	100	95	0.950	19.000	0.946	17.364	2.854
13	100	100	1.000		0.995	201.000	5.303

分母が0で求められない

解答

手順1　修正不良率 P^* を求める

不良率 P の範囲を広げるために**オッズ** $P/(1-P)$ を導入しますが，このままだと $P = 1.000$ のときにはオッズの分母が 0 となり，数値が求められません．

そこで，次式の**修正不良率** P^* を導入します（表の 6 列目）．これは，検定において二項分布を正規分布に近似することを前提にしています．

$$P^* = \frac{x + 0.5}{n + 1} \tag{4.33}$$

これより，$P = 1.000$ は $P^* = 0.995$ となります．

手順 2　修正不良率 P^* のオッズを求める

修正不良率 P^* のオッズを計算します（表の 7 列目）．値の範囲は広がりましたが，正の値のみであるとともに，P^* が 0.500 を超えると急激に大きくなります．

手順 3　修正不良率 P^* のオッズを対数変換する

修正不良率 P^* のオッズを**対数**に変換します（ln は自然対数）．

$$L(P^*) = \ln \frac{P^*}{1 - P^*} \tag{4.34}$$

この式 (4.34) の変換を**ロジット変換**，$L(P^*)$ を**ロジット**とよびます．

図 4.13 は，横軸に修正不良率 P^* を，縦軸にロジット $L(P^*)$ をとった図です．不良率 P^* がなだらかな S 字形に変換され，小さい不良率 P^* の差でも，ロジット変換した広い値（縦軸）の差で検知できるようになります．□

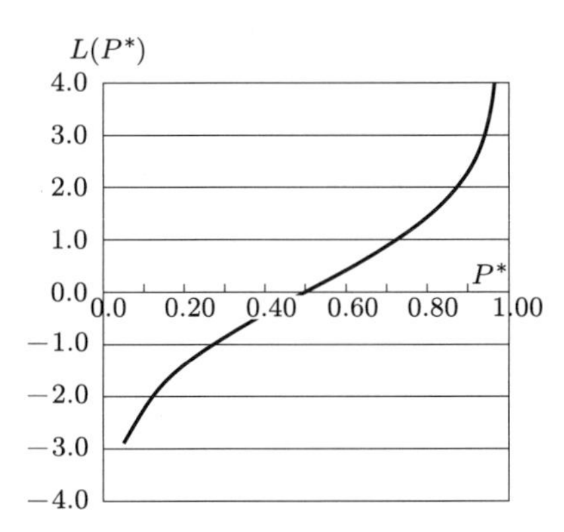

図 4.13　修正不良率 P^* とロジット $L(P^*)$ との関係

以上のように，不良率 P を修正不良率 P^* にして，そのロジット $L(P^*)$ をとれば，精度の良い不良率間差の検定ができるようになります．

ただし，不良率間の差 $L(P_A) - L(P_B)$ の信頼区間は得られますが，それを $P_A - P_B$ へ変換することができないので，ロジット変換による不良率間差の区間推定は行えないことを知っておきましょう．

4.2.2 1つの集団における母不良率の検定と推定

大きさ n の標本のなかに含まれる不良品の数が x 個である確率（不良率）を P とした場合，その確率分布は二項分布 $B(n, P)$ に従います．P の修正不良率 P^* のロ

ジット $L(P^*)$ の分布を正規分布に近似（以降，正規近似とよぶ）し，１つの集団データの不良率が，既知の母不良率 P_0 と比べて変わったかどうかを検定と推定する手順を，事例 4.5 により解説します．母数と区別するために，標本データからの推定値は上に「ˆ」を付けます．

事例 4.5　電子回路の基板を製造している工場があります．この基板の不良率は5% と高く問題でした．そこで露光法を改善したところ，製品 $n=200$ 個のうち不良品数が $x=5$ になりました．この改善により母不良率が減少したといえるかを検定し，効果が認められれば，この方法を標準化します．各統計量は次のようになりました．

サンプル数：$n=200$

母不良率：$P_0=0.05$,　　不良率：$\hat{P}=\dfrac{5}{200}=0.025$

修正不良率：$\hat{P}^*=\dfrac{x+0.5}{n+1}=\dfrac{5.5}{201}=0.0274\quad(x=5)$

母不良率のロジット：$L(P_0)=\ln\dfrac{P_0}{1-P_0}=\ln\dfrac{0.05}{1-0.05}=-2.944$

修正不良率のロジット：$L(\hat{P}^*)=\ln\dfrac{\hat{P}^*}{1-\hat{P}^*}=\ln\dfrac{0.0274}{1-0.0274}=-3.570$

改善効果を検定して，改善後の母不良率はどれくらいになるかを区間推定します．

解答

手順 0　対象の統計量を決める

試作した製品の不良率 P(製品数 n, 不良個数 x) が母不良率 $P_0=0.05$ よりも減少したかを検証します．不良個数の確率変数 x は二項分布 $B(n,P)$ に従いますが，$nP_0=200\times0.05=10$, $n(1-P_0)=200\times(1-0.05)=190$ といずれも 5 以上なので，正規近似できます（2.2.2 項参照）．

修正不良率 $\hat{P}^*$ をロジット変換した $L(\hat{P}^*)$ は近似的に $N(L(P),1/\{nP(1-P)\})$ に従う．標準化を行い，帰無仮説 $H_0:P=P_0$ を念頭において検定統計量を構成すると，

$$z_0=\frac{L(\hat{P}^*)-L(P_0)}{\sqrt{1/\{nP_0(1-P_0)\}}}\tag{4.35}$$

となる．

手順 1 帰無仮説，対立仮説を定める

帰無仮説 H_0：$P = P_0$（母不良率 $P_0 = 0.05$ と変わらない）

対立仮説 H_1''：$P < P_0$（不良率が減少）

改善により不良率が減少したかを調べるので，左側検定となります．

手順 2 有意水準を決める

有意水準：$\alpha = 0.05$

巻末の標準正規分布表から確率 0.0495 と 0.0505 の間の 0.05 の z 値を読み取ると 1.645 となり，また左側検定なので，棄却域は次のようになります．

$$z_0 < -1.645 \tag{4.36}$$

手順 3 検定統計量を計算する

$n = 200$，$P_0 = 0.05$，$L(P^*) = -3.570$，$L(P_0) = -2.944$ を式 (4.35) に代入し，検定統計量 z_0 値を計算します．

$$z_0 = \frac{L(\hat{P}^*) - L(P_0)}{\sqrt{1/\{nP_0(1-P_0)\}}} = \frac{-3.570 - (-2.944)}{\sqrt{1/\{200 \times 0.05(1-0.05)\}}} = -1.930 \tag{4.37}$$

手順 4 帰無仮説が棄却されるかを判断する

手順 3 で求めた z_0 値は手順 2 の棄却域に含まれるため，帰無仮説 H_0 は棄却され，対立仮説が採択されます．すなわち，母不良率は減少したといえます．

手順 5 信頼率 95% の区間推定を行う 発展

母不良率 P のロジット $L(P)$ の信頼区間を求めます．信頼区間は，**図 4.14** のように正規分布の両側に 2.5% ずつ配置されます．巻末の標準正規分布表で確率 0.0250 の数値を読み取ると 1.96 なので，

$$-1.96 \leq z_0 \leq 1.96$$

となります．

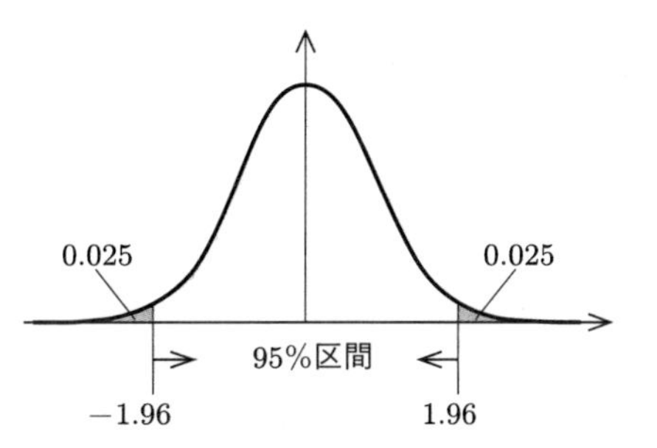

図 4.14 ロジット $L(P)$ の信頼率 95% 区間推定

標本から $L(P)$ の区間推定を行うには，式 (4.35) の $L(P_0)$ を $L(P)$ とし，分母の P_0 を修正不良率 $\hat{P}^*$ に置き換えた式

$$z_0 = \frac{L(\hat{P}^*) - L(P)}{\sqrt{1/\{n\hat{P}^*(1-P^*)\}}}$$

を用いて，$n = 200$，$\hat{P}^* = 0.0274$，$L(\hat{P}^*) = -3.570$ を代入して求めます．

$$-3.570 - 1.96\sqrt{\frac{1}{200 \times 0.0274(1-0.0274)}}$$

$$\leq L(P) \leq -3.570 + 1.96\sqrt{\frac{1}{200 \times 0.0274(1-0.0274)}}$$

$$-4.4204 \leq L(P) \leq -2.7213 \tag{4.38}$$

$$L(P) \text{の上側信頼限界：} L(P)_U = -2.721 \tag{4.39}$$

$$L(P) \text{の下側信頼限界：} L(P)_L = -4.420 \tag{4.40}$$

95% 信頼区間は，次のようにロジットから母不良率 P に戻し，

$$P = \frac{\exp(L(P))}{\exp(L(P))+1} = \frac{1}{1+\exp(-L(P))} \tag{4.41}$$

$L(P)$ に式 (4.39) と式 (4.40) を代入して求められます．

$$\frac{1}{1+\exp(4.4204)} = 0.012 \leq P \leq \frac{1}{1+\exp(2.7213)} = 0.062 \tag{4.42}$$

□

4.2.3 2つの集団における母不良率の差の検定と推定

2つの集団 A，B があり，それぞれのサンプルの大きさが n_{A}，n_{B} で，そのなかに含まれる不良品の個数が x_{A}，x_{B} であるとき，この2つの集団の不良率の差についての検定と推定を，事例 4.6 を用いて解説します．

事例 4.6　ある自動車用のゴム部品を製造する工場では，不良率は 0.1% 程度でした．このたび製造設備を更新します．現在の副原料の供給元は A 社，B 社の2社で，それぞれの原料に対して，新設備における不良の出方に違いがあるかを調べます．新設備にてゴム部品を試作し，無作為に A 社の原料で試作したゴム部品を 26000 個，B 社の原料で試作したゴム部品を 24000 個調べたところ，それぞれ 28 個，12 個の不良品が出ました．各統計量は次のようになります．

サンプル数：$n_{\mathrm{A}}=26000$，$n_{\mathrm{B}}=24000$

不良数：$x_{\mathrm{A}}=28$，$x_{\mathrm{B}}=12$

修正不良率：$\hat{P}^*_{\mathrm{A}}=\dfrac{x_{\mathrm{A}}+0.5}{n_{\mathrm{A}}+1}=\dfrac{28.5}{26001}=0.001096$

$\hat{P}^*_{\mathrm{B}}=\dfrac{x_{\mathrm{B}}+0.5}{n_{\mathrm{B}}+1}=\dfrac{12.5}{24001}=0.000521$

修正不良率のロジット：$L(\hat{P}^*_{\mathrm{A}})=\ln\dfrac{\hat{P}^*_{\mathrm{A}}}{1-\hat{P}^*_{\mathrm{A}}}=\ln\dfrac{0.001096}{1-0.001096}=-6.815$

$L(\hat{P}^*_{\mathrm{B}})=\ln\dfrac{\hat{P}^*_{\mathrm{B}}}{1-\hat{P}^*_{\mathrm{B}}}=\ln\dfrac{0.000521}{1-0.000521}=-7.559$

これより，A 社，B 社の原料による不良の出方に違いがあるかを確認します．

解答

手順 0　対象の統計量を決める

A 社，B 社で生じた母不良率は P_{A} と P_{B} なので，この 2 つの母不良率の差を比べます．サンプル数 n_{A}，n_{B} と不良品数 x_{A}，x_{B} に対して，どちらも $x=np\geq 5$ となり，正規近似できます．そこで，各修正不良率 $\hat{P}^*_{\mathrm{A}}$，$\hat{P}^*_{\mathrm{B}}$ をロジット変換してその差 $L(\hat{P}^*_{\mathrm{A}})-L(\hat{P}^*_{\mathrm{B}})$ をとり，標準化します．

$$z=\frac{L(\hat{P}^*_{\mathrm{A}})-L(\hat{P}^*_{\mathrm{B}})-\{L(P_{\mathrm{A}})-L(P_{\mathrm{B}})\}}{\sqrt{\dfrac{1}{n_{\mathrm{A}}P_{\mathrm{A}}(1-P_{\mathrm{A}})}+\dfrac{1}{n_{\mathrm{B}}P_{\mathrm{B}}(1-P_{\mathrm{B}})}}}\in N(0,1^2)$$

検定では，以下の式を利用します．

帰無仮説 H_0：$P_{\mathrm{A}}=P_{\mathrm{B}}$（$=P$ とおく）を念頭におくと，検定統計量は

$$z_0=\frac{L(\hat{P}^*_{\mathrm{A}})-L(\hat{P}^*_{\mathrm{B}})}{\sqrt{\dfrac{1}{P(1-P)}\left(\dfrac{1}{n_{\mathrm{A}}}+\dfrac{1}{n_{\mathrm{B}}}\right)}}\in N(0,1^2)\quad(\hat{P}^*_{\mathrm{A}}>\hat{P}^*_{\mathrm{B}})\tag{4.43}$$

となる．

式 (4.43) の P は，2 つの集団の不良品の出方をプールした次の同時推定の式を用いて計算します．

$$\hat{P}=\overline{\hat{P}}^*=\frac{x_{\mathrm{A}}+x_{\mathrm{B}}+0.5}{n_{\mathrm{A}}+n_{\mathrm{B}}+1}\quad\text{(同時推定の式)}\tag{4.44}$$

手順1　帰無仮説，対立仮説を定める

帰無仮説 H_0：$P_{\mathrm{A}} = P_{\mathrm{B}}$　（A社，B社の不良率の出方には差がない）

対立仮説 H_1：$P_{\mathrm{A}} \neq P_{\mathrm{B}}$　（A社，B社とで不良率の出方には差がある）

A社，B社のいずれの不良率が低いかはわからないので，両側仮説となります．

手順2　有意水準を決める

有意水準：$\alpha = 0.05$

図4.15のように，両側に2.5%ずつ棄却域を配置します．巻末の標準正規分布表の確率0.0250の値を読み取ると，棄却域は次のようになります．

$$z_0 < -1.96 \quad \text{または} \quad 1.96 < z_0 \tag{4.45}$$

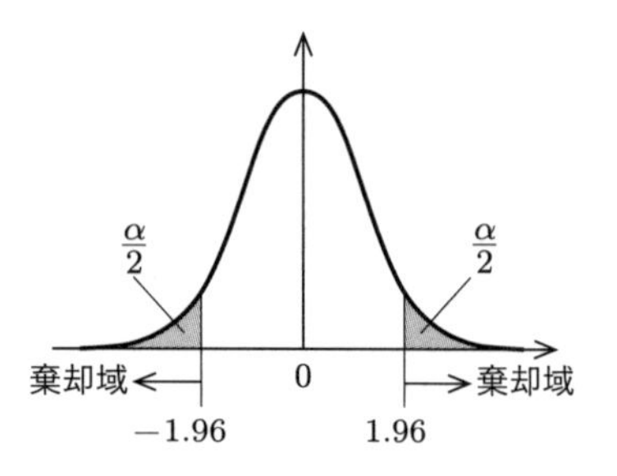

図4.15　標準正規分布での棄却域

手順3　検定統計量を計算する

$n_{\mathrm{A}} = 26000$，$n_{\mathrm{B}} = 24000$，$L(\hat{P}_{\mathrm{A}}^*) = -6.815$，$L(\hat{P}_{\mathrm{B}}^*) = -7.559$，同時推定 $\hat{P} = \dfrac{x_{\mathrm{A}} + x_{\mathrm{B}} + 0.5}{n_{\mathrm{A}} + n_{\mathrm{B}} + 1} = \dfrac{40.5}{50001} = 0.000810$ を式(4.43)に代入し，検定統計量 z_0 値を計算します．

$$z_0 = \frac{L(\hat{P}_{\mathrm{A}}^*) - L(\hat{P}_{\mathrm{B}}^*)}{\sqrt{\dfrac{1}{\hat{P}(1-\hat{P})}\left(\dfrac{1}{n_{\mathrm{A}}} + \dfrac{1}{n_{\mathrm{B}}}\right)}}$$

$$= \frac{-6.815 - (-7.559)}{\sqrt{\dfrac{1}{0.000810(1-0.000810)}\left(\dfrac{1}{26000} + \dfrac{1}{24000}\right)}} = 2.365 \tag{4.46}$$

手順4　帰無仮説が棄却されるかを判断する

手順3で求めた z_0 値は手順2の棄却域に含まれるため，帰無仮説 H_0 は棄却され，対立仮説 H_1 が採択されます．すなわち，A社，B社の不良率の出方には差があるといえます．A社の不良率は0.001096（0.11%），B社は0.000521（0.05%）なので，B社の原料のほうが不良が出にくいと推定できます．

手順 5　信頼率 95% の区間推定を行う 発展

4.2.1 項で説明したように A 社，B 社の母不良率の差 $P_{\mathrm{A}} - P_{\mathrm{B}}$ の 95% 区間推定は，ロジット変換したので行えないため，この場合は，以下の直接法を用いて区間推定を行います．

まず，修正不良率の差の点推定値を求めます．

$$\hat{P}_{\mathrm{A}}^{*} - \hat{P}_{\mathrm{B}}^{*} = 0.001096 - 0.000521 = 0.000575 \tag{4.47}$$

そして，母不良率の差 $P_{\mathrm{A}} - P_{\mathrm{B}}$ の信頼率 95% の区間は，次の $\{P_{\mathrm{A}} - P_{\mathrm{B}}\}_L^U$ の公式を用いて導きます．

$$\{P_{\mathrm{A}} - P_{\mathrm{B}}\}_L^U = (P_{\mathrm{A}}^{*} - P_{\mathrm{B}}^{*}) \pm 1.96\sqrt{\frac{\hat{P}_{\mathrm{A}}^{*}(1-\hat{P}_{\mathrm{A}}^{*})}{n_{\mathrm{A}}} + \frac{\hat{P}_{\mathrm{B}}^{*}(1-\hat{P}_{\mathrm{B}}^{*})}{n_{\mathrm{B}}}} \tag{4.48}$$

$n_{\mathrm{A}} = 26000$，$n_{\mathrm{B}} = 24000$，修正不良率 $\hat{P}_{\mathrm{A}}^{*} = 0.001096$，$\hat{P}_{\mathrm{B}}^{*} = 0.000521$ を式 (4.48) に代入して計算すると，$\{P_{\mathrm{A}} - P_{\mathrm{B}}\}_L^U = 0.000575 \pm 0.000495$ から次のようになります．

$$\text{母不良率の差 } P_{\mathrm{A}} - P_{\mathrm{B}} \text{ の上側信頼限界：} (P_{\mathrm{A}} - P_{\mathrm{B}})^U = 0.001070 \tag{4.49}$$

$$\text{母不良率の差 } P_{\mathrm{A}} - P_{\mathrm{B}} \text{ の下側信頼限界：} (P_{\mathrm{A}} - P_{\mathrm{B}})_L = 0.000080 \tag{4.50}$$

□

4.2.4　1 つの集団における母欠点数の検定と推定

欠点の起こる確率が非常に低い場合は，欠点数はポアソン分布に従いますが，ポアソン分布のままでは検定と推定に手間がかかるので，ポアソン分布を正規近似する工夫をします．たとえば，メガネのレンズ $1\,\mathrm{m}^2$ あたりを 1 単位，キズの発生確率を p（低い確率）として，10 単位のレンズのキズの数を調べたら $x_{10} = 5$ だったとします．このとき，n 単位のレンズのキズを調べてその数を x_n とすれば，総欠点数 x_n は $x_n = n \times p$ となります．その際に $x_n = np \geq 5$ となるように単位数 n を増やす工夫をすると，欠点数 $\lambda = x_n$ は正規近似でき，$\lambda = x_n + 0.5$ とおけばこの λ も近似的に $N(n\lambda, n\lambda)$ に従います．さらに，$\hat{\lambda}^{*} = (x_n + 0.5)/n$ とおけば，$\hat{\lambda}^{*}$ も近似的に $N(\lambda, \lambda/n)$ に従い，また，その対数の $\ln\hat{\lambda}^{*}$ も近似的に $N(\ln\lambda, 1/n\lambda)$ に従います．

このことを利用して母欠点数を検定と推定する手順を，事例 4.7 を通して説明します．

事例 4.7　液晶パネルのキズの数がガラス基板 $100\,\mathrm{m}^2$ あたり3個（母欠点数）あります．キズの数を減らすためにガラス基板の洗浄工程を変更し，$100\,\mathrm{m}^2$ の試作品10枚の液晶パネルのキズの総数を調べたら20個でした．統計量は次のとおりです．

サンプル数：$n=10$，　キズの総数：$x_n=20$

母欠点数：$\lambda_0=3$

変更後のキズの出方：$\hat{\lambda}^*=\dfrac{x_n+0.5}{n}=\dfrac{20+0.5}{10}=2.05$

変更によりガラス基板のキズは減少したかを検定と推定します．

解答

手順0　対象の統計量を決める

対数をとった $\ln\hat{\lambda}^*$ は近似的に $N(\ln\lambda, 1/n\lambda)$ に従うことから，帰無仮説 H_0：$\lambda=\lambda_0$（母欠点数）を念頭におくと，検定統計量は

$$z_0=\frac{\ln\hat{\lambda}^*-\ln\lambda_0}{\sqrt{1/n\lambda_0}} \tag{4.51}$$

となる．

手順1　帰無仮説，対立仮説を定める

帰無仮説 H_0：$\lambda=\lambda_0=3$（母欠点数 $\lambda_0=3$ と変わらない）

対立仮説 H_1''：$\lambda<\lambda_0=3$（キズの出方が減少）

変更によりキズの数が減少したかを調べるので，左側検定となります．

手順2　有意水準を決める

有意水準：$\alpha=0.05$

巻末の標準正規分布表から確率0.0495と0.0505の間の値を読み取ると1.645となり，また左側検定なので，棄却域は次のようになります．

$$z_0<-1.645 \tag{4.52}$$

手順3　検定統計量を計算する

$n=10$，$\lambda_0=3$，$\hat{\lambda}^*=2.05$ を式(4.51)に代入し，検定統計量 z_0 値を計算します．

$$z_0 = \frac{\ln \hat{\lambda}^* - \ln \lambda_0}{\sqrt{1/n\lambda_0}} = \frac{\ln 2.05 - \ln 3}{\sqrt{1/(3 \times 10)}} = -2.086 \tag{4.53}$$

手順 4　帰無仮説が棄却されるかを判断する

手順 3 で求めた z_0 値は手順 2 の棄却域に含まれるため，帰無仮説 H_0 は棄却され，対立仮説 H_1'' が採択されます．すなわち，洗浄工程の変更により，液晶パネルのキズは減少したといえます．

手順 5　信頼率 95% の区間推定を行う 発展

母欠点数 λ の信頼区間を求めます．点推定は次のようになります．

$$\hat{\lambda} = \frac{x_n}{n} = \frac{20}{10} = 2.000 \tag{4.54}$$

95% の信頼区間は，図 4.15 と同様に正規分布の両側に 2.5% ずつ配置されます．標準正規分布表より確率 0.0250 の値は 1.96 なので，$\ln \lambda$ の信頼区間は次のようになります．

$$\ln \hat{\lambda}^* - 1.96 \frac{1}{\sqrt{1/n\hat{\lambda}^*}} \leq \ln \lambda \leq \ln \hat{\lambda}^* + 1.96 \frac{1}{\sqrt{1/n\hat{\lambda}^*}} \tag{4.55}$$

$n = 10$，$\hat{\lambda}^* = 2.05$ を式 (4.55) に代入すると，

$$\ln 2.05 - \frac{1.960}{\sqrt{10 \times 2.05}} = 0.285 \leq \ln \lambda \leq \ln 2.05 + \frac{1.960}{\sqrt{10 \times 2.05}} = 1.151$$

$$\text{上側信頼限界：} \lambda_U = \exp(1.151) = 3.161 \tag{4.56}$$

$$\text{下側信頼限界：} \lambda_L = \exp(0.285) = 1.330 \tag{4.57}$$

となります． □

4.2.5　2 つの集団における母欠点数の差の検定と推定

前項で見たように，対数変換すると，プロジェクターで投影するように，ミクロの世界の極小な数の現象を，手頃な値にして扱うことができます．ただし，母不良率のロジット変換と同様に，対数変換した母欠点数の差も絶対的な欠点数の差として特定できないので，区間推定はできません．母欠点数の差の区間推定には直接法を用います．

2 つの母集団における対数変換した母欠点数の差の検定法を，事例 4.8 を通して説明します．

事例 4.8　ある塗装製品の大切な品質特性は，表面にキズがないことです．現在の製造ラインはA，Bの2つで，もしキズの発生に差があるようなら少ないほうの製造ラインで塗装したいと考えています．試作を行い，ラインAから60の製品数，ラインBから50の製品数を無作為抽出して調べたところ，それぞれ計25個，10個のキズがありました．各統計量は次のとおりです．

サンプル数：$n_{\mathrm{A}}=60$，$n_{\mathrm{B}}=50$

キズの数：$x_{\mathrm{A}}=25$，$x_{\mathrm{B}}=10$

製造ラインAのキズの出方：$\hat{\lambda}^*_{\mathrm{A}}=\dfrac{x_{\mathrm{A}}+0.5}{n_{\mathrm{A}}}=\dfrac{25+0.5}{60}=0.4250$

製造ラインBのキズの出方：$\hat{\lambda}^*_{\mathrm{B}}=\dfrac{x_{\mathrm{B}}+0.5}{n_{\mathrm{B}}}=\dfrac{10+0.5}{50}=0.2100$

製造ラインA，Bのどちらが単位（製品数）あたりの表面キズの発生が少ないかを確認します．

解答

手順0　対象の統計量を決める

単位あたりの母欠点数がλ_{A}およびλ_{B}である2つの母集団から，独立に各n_{A}単位，n_{B}単位を調査して見出されたキズの数がx_{A}，x_{B}でした．このとき，各$\hat{\lambda}^*$の対数をとり，$\ln\hat{\lambda}^*_{\mathrm{A}}=\ln\dfrac{x_{\mathrm{A}}+0.5}{n_{\mathrm{A}}}$と$\ln\hat{\lambda}^*_{\mathrm{B}}=\ln\dfrac{x_{\mathrm{B}}+0.5}{n_{\mathrm{B}}}$の差をとると，次のような正規近似の関係になります．

$$\ln\hat{\lambda}^*_{\mathrm{A}}-\ln\hat{\lambda}^*_{\mathrm{B}}\in N\left(\ln\lambda_{\mathrm{A}}-\ln\lambda_{\mathrm{B}},\ \frac{1}{n_{\mathrm{A}}\lambda_{\mathrm{A}}}+\frac{1}{n_{\mathrm{B}}\lambda_{\mathrm{B}}}\right)$$

この関係から標準化の式を考えると，次のzの式になります．

$$z=\frac{(\ln\hat{\lambda}^*_{\mathrm{A}}-\ln\hat{\lambda}^*_{\mathrm{B}})-(\ln\lambda_{\mathrm{A}}-\ln\lambda_{\mathrm{B}})}{\sqrt{\dfrac{1}{n_{\mathrm{A}}\lambda_{\mathrm{A}}}+\dfrac{1}{n_{\mathrm{B}}\lambda_{\mathrm{B}}}}}\in N(0,1^2)$$

これより，次の式を用いて検定します．

帰無仮説 H_0：$\lambda_A = \lambda_B$ を念頭におくと，対数変換した母欠点数の差の検定統計量は

$$z_0 = \frac{\ln \hat{\lambda}_A^* - \ln \hat{\lambda}_B^*}{\sqrt{\dfrac{1}{\hat{\lambda}^*}\left(\dfrac{1}{n_A} + \dfrac{1}{n_B}\right)}} \in N(0, 1^2) \tag{4.58}$$

となる．

式 (4.58) の $\hat{\lambda}^*$ は，2 つの集団のキズの数（欠点数）x_A，x_B をプールした次の同時推定の式を用いて計算します．

$$\hat{\lambda}^* = \frac{x_A + x_B + 0.5}{n_A + n_B} \tag{4.59}$$

手順 1　帰無仮説，対立仮説を定める

帰無仮説 H_0：$\lambda_A = \lambda_B$（キズの出方に差がない）

対立仮説 H_1：$\lambda_A \neq \lambda_B$（キズの出方に差がある）

製造ライン A，B のどちらがキズの出方が少ないかはわからないので，両側仮説となります．

手順 2　有意水準を決める

有意水準：$\alpha = 0.05$

図 4.16 のように両側に 0.025 ずつ棄却域が配置されるので，巻末の標準正規分布表の確率 0.0250 の値を読み取ると，棄却域は次のようになります．

$$z_0 < -1.96 \quad \text{または} \quad 1.96 < z_0 \tag{4.60}$$

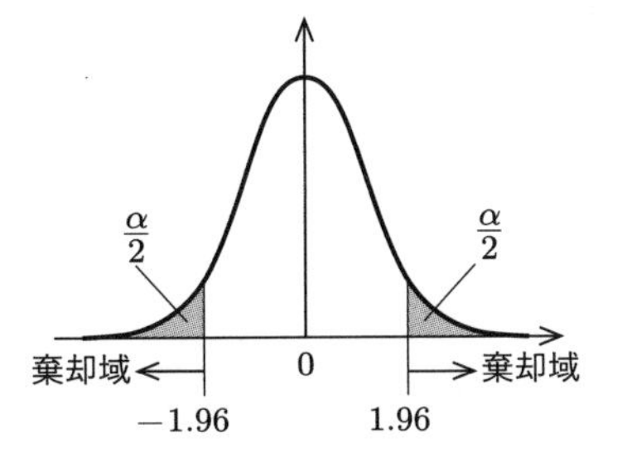

図 4.16　標準正規分布での棄却域

手順 3　検定統計量を計算する

$n_A = 60$，$n_B = 50$，$\hat{\lambda}_A^* = 0.4250$，$\hat{\lambda}_B^* = 0.2100$，同時推定の式 (4.59) の $\hat{\lambda}^* = \dfrac{x_A + x_B + 0.5}{n_A + n_B} = \dfrac{25 + 10 + 0.5}{60 + 50} = 0.3227$ を式 (4.58) に代入し，検定統計量 z_0 値を計算します．

$$z_0 = \frac{\ln \hat{\lambda}_{\mathrm{A}}^* - \ln \hat{\lambda}_{\mathrm{B}}^*}{\sqrt{\dfrac{1}{\hat{\lambda}^*}\left(\dfrac{1}{n_{\mathrm{A}}} + \dfrac{1}{n_{\mathrm{B}}}\right)}} = \frac{\ln 0.4250 - \ln 0.2100}{\sqrt{\dfrac{1}{0.3227}\left(\dfrac{1}{60} + \dfrac{1}{50}\right)}} = \frac{0.7050}{0.3371} = 2.091 \tag{4.61}$$

手順4　帰無仮説が棄却されるかを判断する

手順3で求めた z_0 値は手順2の棄却域に含まれるため，帰無仮説 H_0 は棄却され，対立仮説 H_1 が採択されます．すなわち，製造ラインAとBとでは，単位あたりの製品のキズの出方に違いがあるとなります．製造ラインAとBの単位あたりの欠点数を比較すると，製造ラインBのほうがキズが出にくいと推定できます．

手順5　信頼率95%の区間推定を行う 発展

対数による単位あたりの母欠点数の差の区間推定はできないため，直接法にて，2つの母欠点数の差の区間推定を行います．

直接法の場合は，$\hat{\lambda}_d^* = \hat{\lambda}_{\mathrm{A}}^* - \hat{\lambda}_{\mathrm{B}}^*$ は近似的に $N\left(\hat{\lambda}_{\mathrm{A}}^* - \hat{\lambda}_{\mathrm{B}}^*,\ \dfrac{\hat{\lambda}_{\mathrm{A}}^*}{n_{\mathrm{A}}} + \dfrac{\hat{\lambda}_{\mathrm{B}}^*}{n_{\mathrm{B}}}\right)$ に従います．

2つの単位あたりの母欠点数の差の点推定は次のようになります．

$$\hat{\lambda}_d^* = \hat{\lambda}_{\mathrm{A}}^* - \hat{\lambda}_{\mathrm{B}}^* = 0.4250 - 0.2100 = 0.2150$$

信頼区間は図4.16のように両側に2.5%ずつ配置されるので，巻末の標準正規分布表より確率0.0250の値の1.96を読み取ります．すると，2つの母欠点数の差の信頼区間は次のようになります．

$$\hat{\lambda}_{\mathrm{A}}^* - \hat{\lambda}_{\mathrm{B}}^* - 1.960\sqrt{\frac{\hat{\lambda}_{\mathrm{A}}^*}{n_{\mathrm{A}}} + \frac{\hat{\lambda}_{\mathrm{B}}^*}{n_{\mathrm{B}}}} \le \lambda_{\mathrm{A}}^* - \lambda_{\mathrm{B}}^* \le \hat{\lambda}_{\mathrm{A}}^* - \hat{\lambda}_{\mathrm{B}}^* + 1.960\sqrt{\frac{\hat{\lambda}_{\mathrm{A}}^*}{n_{\mathrm{A}}} + \frac{\hat{\lambda}_{\mathrm{B}}^*}{n_{\mathrm{B}}}} \tag{4.62}$$

$n_{\mathrm{A}} = 60$，$n_{\mathrm{B}} = 50$，$\hat{\lambda}_{\mathrm{A}}^* = 0.4250$，$\hat{\lambda}_{\mathrm{B}}^* = 0.2100$，$\hat{\lambda}_{\mathrm{A}}^* - \hat{\lambda}_{\mathrm{B}}^* = 0.2150$ を式(4.62)に代入すると，

$$0.2150 - 1.960\sqrt{\frac{0.4250}{60} + \frac{0.2100}{50}} \le \lambda_{\mathrm{A}}^* - \lambda_{\mathrm{B}}^* \le 0.2150 + 1.960\sqrt{\frac{0.4250}{60} + \frac{0.2100}{50}}$$

$$\Rightarrow 0.0068 \le \lambda_{\mathrm{A}}^* - \lambda_{\mathrm{B}}^* \le 0.4232$$

$$2\text{つの母欠点数の差の上側信頼限界}：(\lambda_{\mathrm{A}}^* - \lambda_{\mathrm{B}}^*)^U = 0.4232 \tag{4.63}$$

$$2\text{つの母欠点数の差の下側信頼限界}：(\lambda_{\mathrm{A}}^* - \lambda_{\mathrm{B}}^*)_L = 0.0068 \tag{4.64}$$

となります．□

近年の製造業では製品不良率や欠点数は相当低くなっているので，本節では，低い不良率や欠点数でも，その改善活動の成果を精度よく確かめられる検定法を解説しました．理解しづらい部分もあるかもしれませんが，とにもかくにも，手順に従って計算を進められるようになりましょう．

4.3 適合度の検定

2つの特性項目間（p.88の表4.7参照）に属するデータをそれぞれの項目別に同時に分類し，その度数を集計したものを**クロス集計表**とよび，その各分類において集計された度数を観測度数とよびます．調査によって得られたクロス集計表がある場合に，観測度数の分布がある特定の分布に適合（一致）するかを検定することを**適合度の検定**（test of goodness of fit）といいます．

適合度の検定には本来の χ^2 値（式(2.24)）ではなく，次の χ_0^2 値を用います†．

$$\text{ピアソンの}\ \chi_0^2\ \text{値} = \sum_{i=1}^{k} \frac{\left((\text{観測度数})_i - (\text{期待度数})_i\right)^2}{(\text{期待度数})_i} \tag{4.65}$$

この χ_0^2 値は**ピアソンの適合度の検定の χ_0^2 値**[12)] とよばれ，期待度数は，2つの特性項目がたがいに独立とした場合にそのセルに入ることが期待される値です（一例として事例4.10を参照）．

観測度数の総計 $n = \sum_{i=1}^{k}(\text{観測度数})_i$ が大きいとき，χ_0^2 値は自由度 $\nu = k-1$ の χ^2 分布に従います．

4.3.1 1つの特性項目における検定

1つの特性項目の分類で集計された度数データの場合に，各分類での出現確率が等しい（一様）かどうかを検定する方法を事例4.9で説明します．

† K. ピアソン (1857–1936) が開発しました．

事例 4.9　ある銀行における1年間のATMの停止トラブル件数は**表 4.6** のとおりでした.

表 4.6　ある銀行の曜日別のATM停止件数

曜日	1：月曜	2：火曜	3：水曜	4：木曜	5：金曜	6：土曜	7：日曜	合計
件数	6	8	5	4	12	7	7	49

各統計量は次のようになります.

観測度数の総計：$n = 49$
分類の数：$k = 7$
期待度数：$49/7 = 7.0$

この結果から，この銀行のATMの停止トラブルは，ある特定の曜日に発生しやすいかを検定します.

解答

手順0　対象の統計量を決める

k 分類（曜日）の**観測度数**が $f_1, f_2, \ldots, f_k$ $(f_1 + f_2 + \cdots + f_k = n)$ であるときに，各観測度数 f_i $(i = 1, 2, \ldots, k)$ が，k 分類の期待度数 $nP_1, nP_2, \ldots, nP_k$ とどれだけ離れているかを測ることになります．次の式を用いて検定を行います.

帰無仮説 H_0：$P_1 = P_2 = \cdots = P_k$ のもとで，観測度数 $f_1, f_2, \ldots, f_k$ と期待度数 $nP_1, nP_2, \ldots, nP_k$ とがどれだけ離れているかを測るとき，検定統計量は

$$\chi_0^2 = \sum_{i=1}^{k} \frac{(f_i - nP_i)^2}{nP_i} \tag{4.66}$$

となり，自由度 $\nu = k - 1$ の χ^2 分布に従う.

手順1　帰無仮説，対立仮説を定める

帰無仮説 H_0：$P_1 = P_2 = P_3 = P_4 = P_5 = P_6 = P_7$
（各曜日とも同じ確率でトラブルが発生する）

対立仮説 H_1：上式の等号のうち少なくとも1つは不等号
（曜日によってトラブルの発生する確率が異なる）

手順 2 有意水準を決める

有意水準：$\alpha = 0.05$

図 4.17 と巻末の χ^2 分布表から，自由度 $\nu = 7 - 1 = 6$ での値を読み取ると，棄却域は次のようになります．

$$\chi_0^2 > 12.59 \tag{4.67}$$

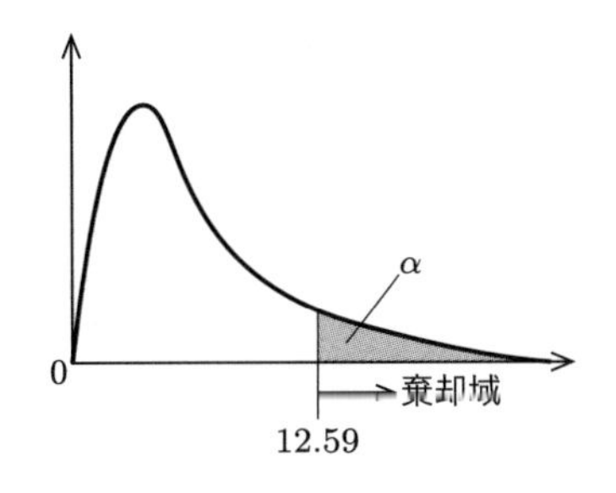

図 4.17 χ^2 分布での適合度基準による棄却域

手順 3 検定統計量を計算する

観測度数の総計 $n = 49$ と期待度数 7.0 を式 (4.66) に代入し，χ_0^2 値を計算します．

$$\chi_0^2 = \frac{(6-7)^2}{7} + \frac{(8-7)^2}{7} + \frac{(5-7)^2}{7} + \frac{(4-7)^2}{7} + \frac{(12-7)^2}{7} + \frac{(7-7)^2}{7} + \frac{(7-7)^2}{7} = 5.71 \tag{4.68}$$

手順 4 帰無仮説が棄却されるかを判断する

手順 3 で求めた χ_0^2 値は手順 2 で求めた棄却域に入らないので，各曜日とも同じ確率で ATM の停止トラブルが発生するという帰無仮説 H_0 は棄却できません．よって，特定の曜日に発生しやすいとはいえません． □

このような 1 つの特性項目の分類に属する確率が等しい（一様）かどうかの検定は**一様性の検定**ともよばれ，幅広く活用されています．

ある母集団の度数分布が得られたとき，その度数分布の確率分布がある特定の分布（正規分布，ポアソン分布，一様分布など）とみなせるかを調べたいときに，想定する確率分布の期待度数（理論の度数）を求めて，式 (4.66) の「観測データの度数と期待度数との食い違い」の χ_0^2 値から検定することができます．

4.3.2 2 つの特性項目における検定

表 4.7 のような異なる 2 つの特性項目に分類されたクロス集計表を**分割表**（contingency table）とよびます．

n 個の個体それぞれに対して，2 つの異なる特性項目である a 個のカテゴリー A_i と b 個の B_j において，分割表の各 $a \times b$ の組合せ A_iB_j のどこに該当するかを測定

表 4.7　分割表の一般的な形式

特性 A_i ＼ 特性 B_j	B_1	B_2	$\cdots$	B_b	計
A_1	f_{11}	f_{12}	$\cdots$	f_{1b}	$f_{1\bullet}$
A_2	f_{21}	f_{22}	$\cdots$	f_{2b}	$f_{2\bullet}$
$\vdots$	$\vdots$	$\vdots$	$\ddots$	$\vdots$	$\vdots$
A_a	f_{a1}	f_{a2}	$\cdots$	f_{ab}	$f_{a\bullet}$
計	$f_{\bullet 1}$	$f_{\bullet 2}$	$\cdots$	$f_{\bullet b}$	n

して，特性項目 A_i と B_j 間の関連性を**独立性の検定**で調べます．

2つの特性項目間の分割表を用いた検定法を，事例 4.10 を通じて説明します．

事例 4.10　ある発酵食品の4段階の熟成時間 A_1, A_2, A_3, A_4 に対して，被験者50人により3段階の甘み評価（M_1：かなり甘い，M_2：甘い，M_3：少し甘い）の実験を行ったところ，**表 4.8** のような分割表による結果が得られました．各統計量は次のとおりです．

サンプル数：$n = 200$

各カテゴリーの数：$a = 4$, $b = 3$

期待度数 $t_{ij} = \dfrac{f_{i\bullet} \times f_{\bullet j}}{n}$：**表 4.9** のとおり

熟成時間と甘み評価の間には関連性はあるでしょうか？

表 4.8　分割表による観測度数表

	M_1	M_2	M_3	計
A_1	30	18	2	50
A_2	22	24	4	50
A_3	16	28	6	50
A_4	18	25	7	50
計	86	95	19	200

表 4.9　期待度数

	M_1	M_2	M_3
A_1	21.5	23.75	4.75
A_2	21.5	23.75	4.75
A_3	21.5	23.75	4.75
A_4	21.5	23.75	4.75

解答

手順 0　対象の統計量を決める

「甘味のカテゴリー（分類）が発生する確率は，熟成時間のカテゴリーによって違いがない（一様である）」かどうかをみることになります．次の式を用いて検定します．

各分類の観測該当数（度数）f_{ij} とその期待度数の t_{ij} がどれくらい違っているかを測るとき，検定統計量は

$$\chi_0^2 = \sum_{i=1}^{a}\sum_{j=1}^{b}\frac{(f_{ij}-t_{ij})^2}{t_{ij}} \tag{4.69}$$

となり，n がある程度大きいときには，自由度 $\nu = (a-1)(b-1)$ の χ^2 分布に従う．

手順 1　帰無仮説，対立仮説を定める

帰無仮説 H_0：甘みの評価の出方は熟成時間にはよらない

対立仮説 H_1：甘みの評価の出方は熟成時間によって異なる

手順 2　有意水準を決める

有意水準：$\alpha = 0.05$

χ_0^2 値は自由度 $\nu = (a-1)(b-1) = (4-1)(3-1) = 6$ の χ^2 分布に従うので，巻末の χ^2 分布表より $\alpha = 0.050$，$\nu = 6$ の値を読み取ると，帰無仮説 H_0 の棄却域は次のようになります（図 4.17 参照）．

$$\chi_0^2 > 12.59 \tag{4.70}$$

手順 3　検定統計量を計算する

2 つの特性項目，熟成時間と甘み評価の各セルの期待度数は $t_{ij} = (f_{i\bullet} \times f_{\bullet j})/n$ で求められ，**表 4.9** のようになります．これより，式 (4.69) から検定統計量の $\chi_0{}^2$ 値を計算します．

$$\begin{aligned}\chi_0^2 &= \sum_{i=1}^{a}\sum_{j=1}^{b}\frac{(f_{ij}-t_{ij})^2}{t_{ij}} \\ &= \frac{(30-21.5)^2}{21.5} + \frac{(22-21.5)^2}{21.5} + \frac{(16-21.5)^2}{21.5} + \cdots + \frac{(7-4.75)^2}{4.75} \\ &= 10.675 \end{aligned} \tag{4.71}$$

手順4　帰無仮説が棄却されるかを判断する

手順3で求めた χ_0^2 値は手順2の棄却域には入らないので，帰無仮説 H_0 は棄却されません．すなわち，熟成時間と発酵食品の甘み評価の出方とは関連性があるとはいえないとなります．□

適合度の検定は，社会学における調査項目の観測度数から項目間に度数の違いがあるかどうか，および項目のクロス（組合せ）集計から項目の間に関係性があるかどうかを検証するのによく用いられます．

本章のまとめ

データに分布を仮定する場合の具体的な検定法を解説しました．

とくに，「手順0：対象の統計量を決める」の導出は難しかったかもしれませんが，すべてが各検定法の公式なので覚える必要はまったくありません．適用したい検定を，事例の手順に従い，計算間違いのないように（表計算ソフトを活用するとよい）進めればよいでしょう．使い慣れると，各検定統計量の意味も理解できるようになります．

ノンパラメトリック検定

— データに分布を仮定しない場合の検定 —

データに分布を仮定しなくてもよい検定として，**ノンパラメトリック検定**があります．「ノンパラメトリック」という名前は，1942 年に J. ヴォルフォヴィッツ (1910–1981)[13),14)] が命名しました．

この検定法は，測定が困難で改善成果を確認できない場合でも，専門家による出来栄えの評価や消費者の好みなどによる分類や順位のデータがあれば容易に検定できるので便利です．医薬品業界の薬効評価や化粧品業界の感性評価などによく活用されています．

ノンパラメトリック検定には数多くの手法がありますが，本書では**図 5.1** に示した代表的な手法を解説します[†]．

本章で紹介する事例の概要を以下に示します．

事例 5.1：熟成時間による甘み評価の順位情報を活かして，熟成時間と甘み評価との関連性が求められるか？
— 順位情報を活かした，クラスカル・ウォリス検定

事例 5.2：2 社から仕入れたサファイアの原石を混ぜて用途の好ましさの順位付けをする．どちらの仕入れ先のものがより好ましいか？
— 対応のない 2 つの集団の中心位置（中央値）に違いがあるかを検定する，ウィルコクソン検定

事例 5.3：2 種類の塗料を用いた試作品を，光沢のある順に並べる．塗料による光沢のばらつきに違いがあるか？
— 中心位置が近い対応のない 2 つの集団においてばらつきの大きさの違いを検定する，ムッド検定

---

† 順位データは，データの分布が仮定できないので，母数を推定することもできません．しかし，近年は，**ヒストグラム応用法**や**カーネル密度推定法**などのように，母数に代わる母集団の寸法指標を推し測る方法論が開発されてきています．ただし，この方法は理論が高度でありデータ数も多く必要となるので，本書では扱いません．

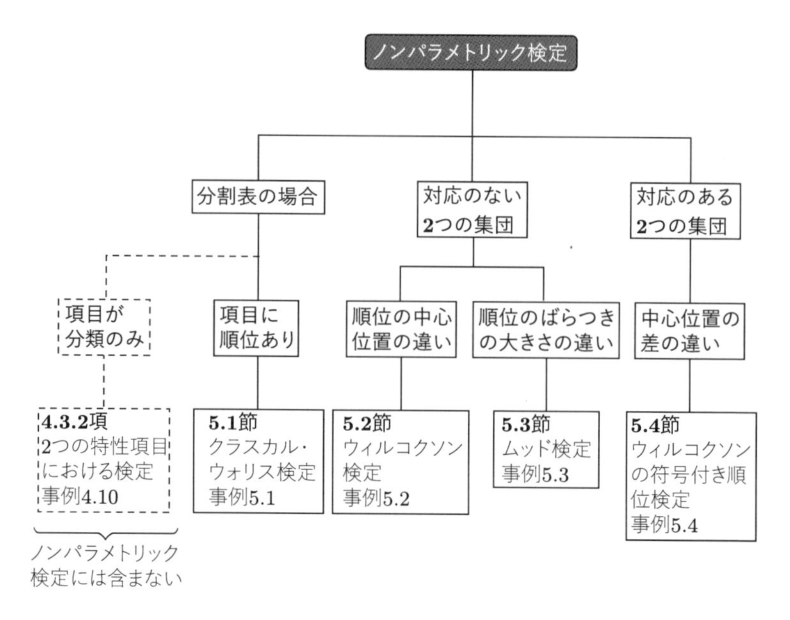

図 5.1　本書で説明するノンパラメトリック検定法の体系図

事例 5.4：サプリメント服用前後の体重差を順位付けする．減量効果は認められるか？
—— 対応のある前後の標本データの差の順位から前後の中心位置の違いを検定する，ウィルコクソンの符号付き順位検定

以上の検定は，いずれも次の手順に従って進めます．

手順 0：対象の統計量を決める
手順 1：帰無仮説，対立仮説を定める
手順 2：有意水準を決める（一般には 5%）
手順 3：検定統計量を計算する
手順 4：帰無仮説が棄却されるかを判断する

5.1 クラスカル・ウォリス検定

事例 4.10 の分割表の検定では，甘み評価は順位ではなく単なる分類でした．しかし，甘み評価は「M_1：かなり甘い」→「M_2：甘い」→「M_3：少し甘い」のように，

順位の情報とも考えられます．そこで，3つの段階（標本）の甘みの順位から，各段階の平均順位を求めて，熟成時間により甘味の各段階 M_1〜M_3 の出方に差があるかを検定する方法を紹介します．

3つ以上の標本（段階）の中央値の違いを検定する方法として，**クラスカル・ウォリス検定**[15] があります†．この手法は，ノンパラメトリック検定の代表的な手法です．

事例 5.1　熟成時間が異なる (A_1, A_2, A_3, A_4) 発酵食品を，その甘みの順位に応じて3段階 M_1〜M_3（M_1：かなり甘い，M_2：甘い，M_3：少し甘い）に分類したところ，**表 5.1** のような観測度数の結果が得られました．

表 5.1　観測度数（表 4.8 再掲）

	M_1	M_2	M_3	計
A_1	30	18	2	50
A_2	22	24	4	50
A_3	16	28	6	50
A_4	18	25	7	50
計	86	95	19	200

この分類は，1〜86位が M_1，87〜181位が M_2，182〜200位が M_3 と考えることで，順位データとみなすことができます．また，各統計量は以下のとおりです．

各熟成時間のデータ数：$n_1 = 50,\ n_2 = 50,\ n_3 = 50,\ n_4 = 50$

全データ数：$N = 200$

各甘みの平均順位：

$$R_1 = \frac{1+86}{2} = 43.5,\ R_2 = \frac{87+181}{2} = 134,\ R_3 = \frac{182+200}{2} = 191$$

全体の平均順位：$\overline{\overline{R}} = \dfrac{1+200}{2} = 100.5$

各熟成時間の甘み平均順位：

$$\overline{R}_1 = \frac{30 \times 43.5 + 18 \times 134 + 2 \times 191}{50} = \frac{4099}{50} = 81.98$$

$$\overline{R}_2 = \frac{22 \times 43.5 + 24 \times 134 + 4 \times 191}{50} = \frac{4937}{50} = 98.74$$

---

† 米国人の数学者 W.H. クラスカル (1919–2005) と経済学者 W.A. ウォリス (1912–1998) によって開発されました．

$$\overline{R}_3 = \frac{16 \times 43.5 + 28 \times 134 + 6 \times 191}{50} = \frac{5594}{50} = 111.88$$

$$\overline{R}_4 = \frac{18 \times 43.5 + 25 \times 134 + 7 \times 191}{50} = \frac{5470}{50} = 109.40$$

順位データを活かしてクラスカル・ウォリス検定を行い，熟成時間と甘み評価の間の関連性を調べましょう．

解答

手順 0　対象の統計量を決める

熟成時間の違いにより甘み評価に違いが生じていないかを測る指標として，各熟成時間の甘み平均順位 $\overline{R}_i$ の違い（ばらつき）が大きいと，熟成時間により甘み評価が異なると考える次式を設定します．ただし，a は熟成時間の段階数です．

順位データを評価する指標を $\sum_{i=1}^{a} n_i(\overline{R}_i - \overline{\overline{R}})$ とするとき，検定統計量は

$$K_0 = \frac{12}{N(N+1)} \sum_{i=1}^{a} n_i(\overline{R}_i - \overline{\overline{R}})^2 \tag{5.1}$$

となる．この K_0 値は自由度 $a-1$ の χ^2 分布に従う．

手順 1　帰無仮説，対立仮説を定める

帰無仮説 H_0：甘み評価の出方は熟成時間にはよらない

対立仮説 H_1：甘み評価の出方は熟成時間によって異なる

手順 2　有意水準を決める

有意水準：$\alpha = 0.05$

熟成時間の段階数は $a = 4$ です．K_0 値は自由度 $a - 1 = 3$ の χ^2 分布に従うので，巻末の χ^2 分布表より，帰無仮説 H_0 の棄却域は次のようになります．

$$K_0 > 7.815 \tag{5.2}$$

手順 3　検定統計量を計算する

各種統計量を式 (5.1) に代入し，検定統計量 K_0 を計算します．

$$K_0 = \frac{12}{N(N+1)} \sum_{i=1}^{a} n_i(\overline{R}_i - \overline{\overline{R}})^2$$

$$= \frac{12}{200 \times 201}\{50 \times (81.98 - 100.5)^2 + \cdots + 50 \times (109.40 - 100.5)^2\}$$
$$= 8.281 \tag{5.3}$$

手順 4　帰無仮説が棄却されるかを判断する

手順 3 で求めた K_0 値は手順 2 の棄却域に入るので，帰無仮説 H_0 は棄却され，対立仮説 H_1 が採択されます．すなわち，甘み評価の出方は熟成時間によって異なるといえます．□

分割表の検定（事例 4.10）では，甘み評価は熟成時間とは関係しないという結果になりましたが，データがもつ順位情報を活かしたノンパラメトリック検定を行うと，甘み評価と熟成時間とは関連があることになります．このように，順位情報を活かした検定を行うと，順位情報を入れなかった分割表の検定とは異なる結果になる場合があります．

検定では，採取したデータのもつ情報をできるだけ活かせる検定法を適用することが大切です．幅広い検定法を習得しましょう．

5.2 ウィルコクソン検定

対応のないサンプル数の差も少ない似通った 2 つの集団の中心位置（中央値）に違いがあるかを検定するノンパラメトリック法を紹介します．

A と B の 2 つの集団から，それぞれいくつかのサンプルを取り出してランダムに混ぜてから，**図 5.2** のように，出来栄え（測定できない特性）の良さなどの順位付けを行います．これより，2 つの集団 A と B の順位の中心位置に違いがあるかを検定します．

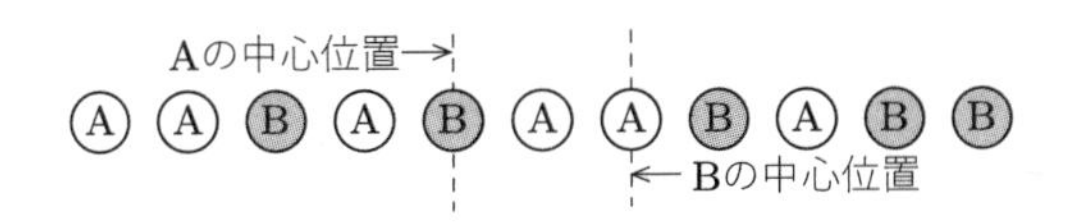

図 5.2　2 つの集団 A と B のランダムなサンプルを出来栄えの順に並べる

この検定法は，**ウィルコクソン検定**[16)] とよばれます†．事例5.2で具体的な検定法を解説します．

事例 5.2　サファイアの原石を購入するにあたり，A社とB社からいくつかの原石サンプルを取り寄せました．A社のものから6個，B社のものから7個を無作為に抽出して混ぜ，この13個の原石を，用途に好ましい順に専門家が並べたところ，**表5.2**の結果が得られました．各統計量は次のとおりです．

A社の標本数 $m=6$，B社の標本数 $n=7$，総標本数 $N=m+n=13$

この用途の好ましさにおいて，2社の原石に違いはあるのでしょうか？

表 5.2　用途に好ましい順に総標本AおよびBを並べた結果

順位	1	2	3	4	5	6	7	8	9	10	11	12	13
データ	A	A	A	B	A	A	B	B	A	B	B	B	B

解答

手順0　対象の統計量を決める

ウィルコクソン検定では，次の式を用いて検定を行います．

集団Aの標本の順位を $\{R_1, R_2, \ldots, R_m\}$，集団Bの標本の順位を $\{Q_1, Q_2, \ldots, Q_n\}$ とするとき，各集団の順位和 W_R と W_Q は

$$
\begin{aligned}
W_R &= \sum_{i=1}^{m} R_i = R_1 + R_2 + \cdots + R_m \\
W_Q &= \sum_{j=1}^{n} Q_j = Q_1 + Q_2 + \cdots + Q_n
\end{aligned}
\tag{5.4}
$$

で求められる．

集団AとBとの中心位置が離れていれば W_R と W_Q の差が開き，中心位置が近ければ W_R と W_Q とが接近します．この考えを検定に活かします．

そこで，標本数の少ないほうの順位和を計算し，あらかじめ定められたウィルコクソン検定表から，順位の和に違いがあるかを見ます．

† F. ウィルコクソン (1892–1965) が，2つの集団におけるある観測値の中心的な傾向の違いについて，集団ごとの評価の順位和から検定できるとして開発しました (1945)．

手順 1　帰無仮説，対立仮説を定める

帰無仮説 H_0：特性評価の中心位置は A 社と B 社とで変わらない

対立仮説 H_1：特性評価の中心位置は A 社と B 社とで異なる（両側仮説）

手順 2　有意水準を決める

有意水準：$\alpha = 0.05$

両側仮説なので，W_R の値が小さすぎる／大きすぎるときに，帰無仮説 H_0 を棄却することになります．検定には，あらかじめ用意されている**表 5.3** のウィルコクソン検定表[†]から数値を読み取ります．なお，表 5.3 で「—」のある n，m の組合せは，この検定は適用できません．

棄却域は 5% (0.05) を上側と下側に 0.025 ずつ配置します．表から $(m, n) = (6, 7)$ に対する下側の数値 $W_{0.025}(L) = 27$ と上側の数値 $W_{0.025}(U) = 57$ を読み取ると，帰無仮説 H_0 の棄却域は次のようになります．

$$W_R < 27 \quad \text{または} \quad 57 < W_R \tag{5.5}$$

手順 3　検定統計量を計算する

式 (5.4) の順位和 W_R を求めます．表 5.2 より，

A 社のデータの順位：{1, 2, 3, 5, 6, 9}

B 社のデータの順位：{4, 7, 8, 10, 11, 12, 13}

表 5.3　ウィルコクソン検定表（一部）

$\alpha = 0.025$（下側）$(m \leq n)$

n＼m	1	2	3	4	5	6	7	8
1	—							
2	—	—						
3	—	—	—					
4	—	—	—	10				
5	—	—	6	11	17			
6	—	—	7	12	18	26		
7	—	—	7	13	20	27	36	
8	—	3	8	14	21	29	38	49

$\alpha = 0.025$（上側）

n＼m	1	2	3	4	5	6	7	8
1	—							
2	—	—						
3	—	—	—					
4	—	—	—	26				
5	—	—	21	29	38			
6	—	—	23	32	42	52		
7	—	—	26	35	45	57	69	
8	—	19	28	38	49	61	74	87

† たとえば，統計数値表編集委員会 編 (1977)：『簡約統計数値表』日本規格協会．

なので，標本数が少ない A 社の順位和は

$$W_R = 1 + 2 + 3 + 5 + 6 + 9 = 26 \tag{5.6}$$

となります[†1]．

手順4　帰無仮説が棄却されるかを判断する

手順3で求めた W_R は棄却域に含まれるので，帰無仮説 H_0 は棄却され，対立仮説 H_1 が採択されます．すなわち，A 社と B 社における原石のこの特性評価の中心位置には違い（差）があることになります．そして，用途への好ましさの順の和が小さい A 社の原石が好ましいと推測されます．□

なお，総データ数が $N \geq 30$ と大きく，かつ m, n も 15 以上の場合はデータの分布を正規近似して検定する方法がありますが，本書では扱いません．

5.3 ムッド検定

中心位置が近い対応のない 2 つの集団において，ばらつきの大きさの違いを検定することを考えます．

2 つの集団 A と B から，それぞれいくつかのサンプルを取り出してランダムに混ぜてから，**図 5.3** のように，輝きなど（測定できない特性）の順位付けを行います．これより，2 つの集団 A と B の順位のばらつきに違いがあるかを検定します．

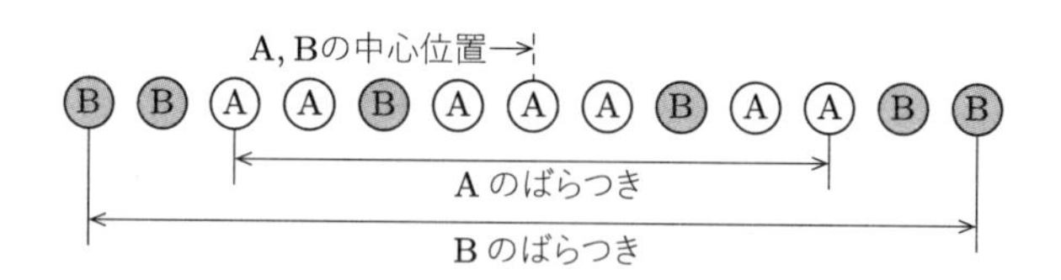

図 5.3　同じ輝きを示す 2 つの集団 A と B のサンプルを輝きの順に並べる

この検定法は，**ムッド検定**[17] とよばれています[†2]．次の事例 5.3 を通じて，この検定法を説明します．

---

†1　$W_R + W_Q = N(N+1)/2 = 13 \times 14/2 = 91$ という関係が成り立つので，標本数が少ないほうを計算すれば，他方も簡単に求まります．$W_R = 26$ より，$W_Q = 91 - 26 = 65$ となります．

†2　A.M. ムッド (1913–2009) によって 1954 年に開発されました．

事例 5.3 ある古美術品の展示用レプリカを作成する際の塗料を検討しています．同じような光沢を示す塗料A，Bにおいて，塗料Aで6品，塗料Bで7品を試作しました．13品を無作為に混ぜて，専門家が「光沢がある」と評価した順に並べたところ，**表5.4**のような結果が得られました．各統計量は次のとおりです．

塗料A（データが少ないほう）の標本数：$m = 6$
塗料B（データが多いほう）の標本数：$n = 7$
全データ（標本）数：$N = m + n = 13$

塗料Aと塗料Bの光沢のばらつきの違いを検定し，光沢が均一に保てる（ばらつきが小さい）ほうを選びます．

表5.4 AおよびBによる試作品を専門家が評価した順に並べた結果

順位	1	2	3	4	5	6	7	8	9	10	11	12	13
データ	A	A	B	B	B	A	B	B	B	A	B	A	A

解答

手順0　対象の統計量を決める

表5.4から，塗料AとBの標本における光沢評価の順位の中心はほぼ同じです．もし評価の順位のばらつきに違いがあると，ばらつきが大きいほうは標本が両端に集まり，小さいほうは中心に集まります．

ムッド検定では，次の式を用いて検定します．

標本数 m の少ないほうの順位を $\{R_1, R_2, \ldots, R_m\}$ とすると，全データの順位の中心 $(N+1)/2$ からの隔たりは

$$M = \sum_{i=1}^{m} \left(R_i - \frac{N+1}{2} \right)^2 \tag{5.7}$$

で与えられる．この M 値をムッドの統計量[17]という．

式(5.7)を検定統計量とし，M 値が大きすぎる／小さすぎるとき，ばらつきに違いがあると判断します．

手順1　帰無仮説，対立仮説を定める

塗料AとBのばらつきを σ_A，σ_B の記号で表します．

帰無仮説 H_0：$\sigma_A = \sigma_B$
対立仮説 H_1：$\sigma_A \neq \sigma_B$（両側仮説）

表 5.5　ムッドの数値表（一部）

$(m \leq n)$		α			
m	n	0.025	0.050	0.950	0.975
6	6	33.50 (0.0238)	39.50 (0.0465)	99.50 (0.9307)	105.50 (0.9675)
6	7	38.00 (0.0204)	45.00 (0.0466)	122.00 (0.9476)	129.00 (0.9749)
6	8	41.50 (0.0213)	49.50 (0.0430)	141.30 (0.9461)	149.50 (0.9737)

手順 2　有意水準を決める

有意水準：$\alpha = 0.05$

検定には，**表 5.5** の (m, n) $(m \leq n)$ によるムッドの数値表† から数値を読み取ります．

両側仮説なので，棄却域は 5% (0.05) を上側と下側に 0.025 ずつ配置します．表 5.5 から $m = 6$，$n = 7$ での数値を読み取ると，帰無仮説 H_0 の棄却域は次のようになります．

$$M \leq 38.00 \quad \text{または} \quad 129.00 \leq M \tag{5.8}$$

手順 3　検定統計量を計算する

標本数が少ない塗料 A の順位データ R_i を求めます．

$$\{1,\ 2,\ 6,\ 10,\ 12,\ 13\}$$

順位の中心は $(N+1)/2 = (13+1)/2 = 7$ なので，式 (5.7) から統計量 M を計算します．

$$\begin{aligned} M &= (1-7)^2 + (2-7)^2 + (6-7)^2 + (10-7)^2 \\ &\qquad + (12-7)^2 + (13-7)^2 = 132 \end{aligned} \tag{5.9}$$

手順 4　帰無仮説が棄却されるかを判断する

手順 3 で求めたムッド統計量 M は手順 2 で求めた棄却域に含まれます．したがって，帰無仮説は棄却され，対立仮説が採択されます．すなわち，塗料 A と B のばらつきの大きさは異なることになります．そして，表 5.4 から，塗料 A は塗料 B より

† たとえば，荒木孝治，米虫節夫 共著：「第 9 章 ノンパラメトリック法」，品質管理 BC テキスト，日本科学技術連盟 [18]．

も順位のばらつきに広がりが見られるので，塗料Bのほうが光沢のばらつきが小さく好ましいとなります． □

総データ数が $N \geq 30$ と大きい場合は，検定統計量 M は帰無仮説 H_0 のもとで，正規分布に近似した式 (5.10) になります．この式を用いた検定法もありますが，本書では扱いません．

$$z_0 = \frac{M - E(M)}{\sqrt{V(M)}} \in N(0, 1^2) \tag{5.10}$$

ここで，期待値は $E(M) = m(N^2 - 1)/12$，分散は $V(M) = mn(N + 1)(N^2 - 4)/180$ です．

5.4 ウィルコクソンの符号付き順位検定

事例 4.3 では，計量値データに対応がある場合の母平均の差（正規分布が前提）の検定について説明しました．ここでは，対応のある前後の標本データの差の順位から前後の中心位置の違いを検定するノンパラメトリック検定について，事例 5.4 を通して説明します．

事例 5.4 事例 4.3 では，成人女性 10 人が減量サプリメント Z を服用した前後の体重（kg）を調べました（表 4.4）．ここでは，サプリメント Z 服用前後の差の大きさの順位から**表 5.6** を作成します．各統計量は次のとおりです．

表 5.6 サプリメント Z 服用前後の成人女性の体重差の順位データ

女性 No.	1	2	3	4	5	6	7	8	9	10
服用前	67	61	65	57	63	64	55	58	66	53
服用後	63	58	70	53	60	62	50	59	61	48
差 d	4.0	3.0	−5.0	4.0	3.0	2.0	5.0	−1.0	5.0	5.0
絶対値の順位	5.5	3.5	8.5	5.5	3.5	2.0	8.5	1.0	8.5	8.5

データ数：$n = 10$

差 d において，標本数が少ないほうの符号 (−) の順位の和 WS^-：

$$WS^- = 8.5 + 1.0 = 9.5$$

ウィルコクソンの符号付き順位検定[16) を行い，服用前後での体重の中心位置に違いがあるかを調べます．

解答

手順 0　対象の統計量を決める

対応のある 2 つのデータの差 $d_i = X_i - Y_i\ (i = 1, 2, \ldots, n)$ をとり，差の絶対値 $|d_i|$ の小さい順に順位を求めます．もし $d_i = 0$ なら，サンプル数の n からその標本を減じます．また $|d_i|$ が同じ順位になったら，その順位の平均をとった値を与えます．たとえば，表 5.6 において，差 $|d| = 5.0$ は成人女性 No.3, 7, 9, 10 に 4 つ出てきます．順位は 7 位〜10 位となるので，$(7 + 8 + 9 + 10)/4 = 8.5$ として，差 $|d| = 5$ は 8.5 位の順位として与えます．

ウィルコクソンの符号付き順位検定では，次のような式を設定します．

> 対応のある 2 つのデータの差 $d_i = X_i - Y_i\ (i = 1, 2, \ldots, n)$ が負である標本の順位 S_i の和を WS^-，および d_i が正である標本の順位 R_i の和を WS^+ とする．このとき，検定統計量数 T は，標本数が少ないほうの WS であり，
>
> $$T = WS^- = \sum_{i=1}^{m} S_i \quad \text{または} \quad T = WS^+ = \sum_{i=1}^{n-m} R_i \qquad (5.11)$$
>
> で与えられる．

手順 1　帰無仮説，対立仮説を定める

帰無仮説 H_0：服用前と服用後の体重には差がない

対立仮説 H_1''：服用後は服用前より体重が減った（左側仮説）

手順 2　有意水準を決める

有意水準：$\alpha = 0.05$

データ表の差 d_i が 0 である標本数は $l = 0$ です．したがって，$\alpha = 0.05$ で $N = n - l = 10$ であり，**表 5.7** のウィルコクソンの符号付き順位検定表[†1] から数値を読み取ると[†2]，棄却域 T は次のようになります．

$$T < 10 \qquad (5.12)$$

†1　たとえば，統計数値表編集委員会 編 (1977):『簡約統計数値表』日本規格協会．

†2　もし $d_i = 0$ の標本の数が k 個あれば $l = k$ で，$N = n - k$ として，表 5.7 の数値表を読み取ります．

表 5.7　ウィルコクソンの符号付き順位検定表（一部）

N \ α	.005	.010	.025	.050
1	—	—	—	—
2	—	—	—	—
3	—	—	—	—
4	—	—	—	—
5	—	—	—	0 (.0312)
6			0 (.0150)	2 (.0409)
7	—	0 (.0078)	2 (.0234)	3 (.0391)
8	0 (.0039)	1 (.0078)	3 (.0195)	5 (.0391)
9	1 (.0039)	3 (.0098)	5 (.0195)	8 (.0488)
10	3 (.0049)	5 (.0098)	8 (.0244)	10 (.0420)
11	5 (.0049)	7 (.0093)	10 (.0210)	13 (.0415)
12	7 (.0046)	9 (.0081)	13 (.0212)	17 (.0461)

手順 3　検定統計量を計算する

2 つのデータの差が負になる標本のほうが少ないため，そちらを検定統計量 $T = WS^{-}$ とすると，次のようになります．

$$T = WS^{-} = \sum_{i=1}^{m} S_i = 8.5 + 1.0 = 9.5 \tag{5.13}$$

手順 4　帰無仮説が棄却されるかを判断する

手順 3 で求めた検定統計量は，手順 2 で求めた棄却域に含まれるため，帰無仮説 H_0 は棄却されます．すなわち，サプリメント Z 服用前後において体重の中心位置には違いがあり，服用後は体重が減ったといえます．事例 4.3 と同じ検定結果となりました．　□

本章のまとめ

観測したデータに特定の分布を仮定する必要がないノンパラメトリック検定法を解説しました．測定できないとあきらめていた場合でも，出来栄えなどの順位から検定できるのでぜひ活用しましょう．

ノンパラメトリック検定法は，データの外れ値に対しても頑強性（robustness）があります．何らかの条件を満たす個数に基づいて統計的検定を行うので，データに外れ値が含まれていても，それらの影響はあまり受けません．

実験計画法のための準備

前章までで説明した検定と推定は，ある特性に対して 1 つの要因の影響を確認するものでした．それに対し，**実験計画法**（design of experiments）は，特性に対して考えられるいくつかの要因を同時に取り上げて各要因を計画的に変化させる実験を行い，特性の変化からどの要因が特性に影響を与えているのかを確認する解析法です†．

本章では，第 7 章で学ぶ実験計画法の準備として，その効用や用語，および解析の考え方（分散分析法）を説明します．第 7 章を学んでから，本章の考え方をもう一度見直すのもよいでしょう．

6.1 実験計画法

生化学工場では，新型ウイルスの検出用酵素 K を製造しています．需要が増えており，本社から，早急に収率を高めるように指示がありました．

現場責任者 Y 氏は，**表 6.1**(a) の「現行条件：精製時間 80 min，培養温度 40 °C，収率 50%」に対し，次のような**逐次実験**を行いました．

1.「精製時間」を現行条件 80 min に固定
2.「培養温度」35 °C，40 °C（現行），45 °C で実験
　→ 45 °C のときに収率が最大（55%）となった
3.「培養温度」を 45 °C に固定
4.「精製時間」を好ましいと思われる 100 min へと変更して実験
　→ 100 min のとき収率 70% が得られた

そこで，次回からこの適切条件（45 °C，100 min）で製造すると本社へ報告しました．

ところが，本社の専門技術者 T 氏から，このやり方では「培養温度」と「精製時間」の組合せ効果が確認できないので，実験計画法で進めるようにアドバイスがありました．

† 実験計画法は，1920 年代に英国の農場試験場の技師であった R.A. フィッシャー (1890–1962) によって提案されました．彼は，目的とする解析に適したデータを得るためには，実験をどのように計画的に行うべきか，また再現性のある結果を導くためにはどのようなことに留意すべきかを記した書籍「実験計画法」[19] を 1935 年に発行して，今日の科学的実験法の礎を築きました．

表 6.1 酵素 K の収率向上のための実験

(a) 逐次進める実験

温度＼時間	80 min（現行）	100 min
35℃	45%	?
40℃(現行)	50%	?
45℃	55%	70%

(b) 実験計画法

温度＼時間	80 min（現行）	100 min
35℃	45%	55%
40℃(現行)	50%	85%
45℃	55%	70%

温度と時間の組合せを考える

そこで，実験計画法を勉強して，表 6.1 (b) の 2 つの要因「培養温度」と「精製時間」を同時に取りあげた**実験計画法**を行いました．

「培養温度」35 ℃，40 ℃，45 ℃ と「精製時間」の 80 min，100 min とのすべての組合せ条件を無作為にして実験

→ 40 ℃，100 min のときに収率が最大（85%）となった

これにより，より適切な製造条件（40 ℃，100 min）が見つかりました．

ある特性を向上させるために実験計画法を用いると，複数の要因の各効果やその組合せ効果を見逃がさずに最適条件を導くことができます．たとえば，製造時の収率，製品の強度，不良率の低減，商品の売上高や知名度を上げることを対象に行います．

6.1.1 実験計画法の考え方

実験計画法は，通常の実験よりも少ない実験回数で，各要因の効果や要因の組合せ効果を精度よく検出する方法の体系です．より少ない費用と時間で有効な結果が得られるように計画，実行することが大切です．

まず，実験計画法で用いる用語や考え方（原理）を解説します．

• 特性と因子

収率のように，良くしたい対象を**特性**，特性に影響を与えると考えられる原因（培養温度と精製時間など）を**要因**または**因子**とよびます．また，実験で変化させる因子の条件を**水準**とよびます．上記の例では，培養温度は 3 水準，精製時間は 2 水準となります．

そして，設備温度のように，水準を指定できる因子を**母数因子**とよび，主原料のロットのように，水準を指定できない因子を**変量因子**とよんで区別します．母数因子は区間推定できますが，変量因子は区間推定ができないため，実験計画から因子の区別を考慮しておきます．

また，実験日や実験場所の違いなどの区分を**ブロック**といい，朝・夕のようにブロック分けした指標を**ブロック因子**とよびます．あらかじめブロック分けして実験を行うと，精度良い実験結果が得られます．

- **実験方法**

取り上げた因子と水準のすべての組合せを実験することを**完備型実験法**，または**要因配置型実験法**といいます．完備型実験法では，取り上げる因子の数1, 2, 3, ... に応じて，**一元配置**，**二元配置**，**三元配置**，...，**多元配置**といいます．ただし，多元配置は実験回数が非常に多くなり，非効率的になるため，因子が3つ以上になる場合は**直交配列表**による**一部実施法**が用いられます．

直交配列表を利用する実験計画法では，多くの因子を同時に取り上げることができ，想定される因子間の組合せ効果や各因子の効果を少ない実験回数で確認できるため，著しく実験効率を高めることができます．

6.1.2　3つの基本原理

実験は，限られた条件のもとで行われるのが一般的です．したがって，得られた実験結果は，実際の現場で適用できるかを常に検討する必要があります．実用に供するためには，固有技術の知見から，実験の場の条件を実際の現場の環境条件や使用条件に極力合わせることが大切です．

このことから，因子の効果を正しく把握するためには，実験の場や実験の進め方によって生じる誤差を適切に把握することが大切になります．実験誤差を適切に把握するために，次の**3つの基本原理**である**繰り返しの原理**，**無作為化の原理**，**局所管理の原理**が提唱されています．

(1)　繰り返し（replication）の原理

繰り返しの原理とは，

> 誤差のばらつきの大きさを正当に評価するために，同じ処理の実験を同じ実験の場で最低2回以上繰り返す

ことを意味します．すなわち，「同じ水準で繰り返してデータを測定する」ことを示しています．

たとえば，新設備と従来設備とで製造するある製品の強度を比べたい場合には，それぞれの設備で1回ずつ製造した製品の強度を測定したデータを比べても，データにはばらつきがあるので，その違いはそのまま設備の違いとはみなせません．そこで，それぞれの設備で2回以上繰り返して製品を製造して強度を測定すれば，設備ごとの強度データから計算した平均は，設備ごとの母平均の推定値となり，設備の違いを各母平均の推定値の違いにより比べることができます．また，各設備での測定データが複数あることで，測定のばらつき（誤差）が推定できます．

実験を繰り返さなければ，得られた実験結果が因子の組合せによるものか，それとも誤差変動によるものか区別できません．したがって，同じ組合せ条件の実験を繰り返して行い，誤差変動からその効果を抽出します．

(2)　無作為化 (randomization) の原理

無作為化の原理とは，

実験の順序や実験の場（区画）を無作為（ランダム）に割り付ける

ことを意味します．たとえば，設備違いによる製品強度の違いについて，新設備は午前中に，従来設備は午後に製品を製造して強度を測定したとします．その場合，強度の違いは各設備原因の違いなのか，製造した午前・午後の時間原因の違いなのかが特定できません．設備や時間を無作為に割り付けて製造すれば，これらの原因を統計的に偶然誤差として処理でき，各設備での強度の平均から設備による違いを推定することができます．

冒頭の酵素Kの製造実験を例にとると，培養温度と精製時間の各水準の組合せに乱数を割り付けて，その数字の大きい（または小さい）ほうから順に実験を行います．無作為化は，1.2節「標本調査とサンプリング」で説明したように，データを統計的処理するための不可欠な条件です．

(3)　局所管理（blocking）の原理

規模の大きな実験の場合には，実験全体を無作為化するのが大変です．そのような場合は，

実験の場を細分化（層別）してブロックをつくり，各ブロック内での処理条件を無作為化し，それ以外の環境は極力均一にする

ことを行います．これにより，細分化した実験の場（ブロック）間の違いを誤差と

は別の変動として取り出し，実験の場の偏りを除去します．たとえば，実験を行う時間を午前と午後の 2 つのブロックに分けることや，機械別，場所別，新人とベテランの人別などが相当します．誤差変動からブロック間の変動を抜き出し，誤差変動を小さくすることで，処理効果の比較精度を向上させます．この考え方を**局所管理の原理**または**小分けの原理**といいます．**乱塊法**は，この考えを利用した実験のやり方です．

6.2 実験計画法の解析法の基本

詳細な実験計画法の解析手順は第 7 章で解説するので，本節では事例を用いて，実験計画法における 2 つの解析法の基本について説明します．解析では因子のことを一般に要因というため，以降では，通常は因子を要因と示します．

いま，化粧品の売上を増やすために，要因として 3 種類の景品 A_1, A_2, A_3 を用意しました．金土日を除く平日 4 日間の売上高データを取り，景品効果を測ったところ，1 日の平均の売上高が**表 6.2** のように求められました．

表 6.2　景品ごとの化粧品の 1 日平均売上高

景品の種類	A_1	A_2	A_3	全体平均
1日の平均売上高	60万円	63万円	57万円	60万円

売上データには，その日の気温の変化や天候などが影響しますが，それらは制御できないので，景品種類の要因以外のすべての影響を無作為に割り付けて誤差変動にします．そして，その誤差変動を推定するために要因（景品の種類）ごとに実験を繰り返してデータを取ります．もし雨の日と晴れの日では明らかに化粧品の売上高が異なるのならば，雨の日と晴れの日を区分して局所管理するのですが，今回は区分せずに晴雨を誤差変動に入れます．

6.2.1 グラフから要因効果を判断する方法

要因の効果を判断するために，**図 6.1** のように各景品の効果を水準ごとの売上データの平均で推定し，4 日間の生のデータを散布図または棒グラフに表して考察します．以下の事例で具体的に考えてみましょう．

事例 6.1　化粧品の売上高（万円）を景品ごとに 4 日間調べたところ，図 6.1 のような結果が得られました．ケース I とケース II は，各景品（A_1〜A_3）の効果は同じですが，各景品の 4 日間の売上データが異なっています．

これより，化粧品の売上を増やすには景品 A_2 が好ましいと判断してよいでしょうか？

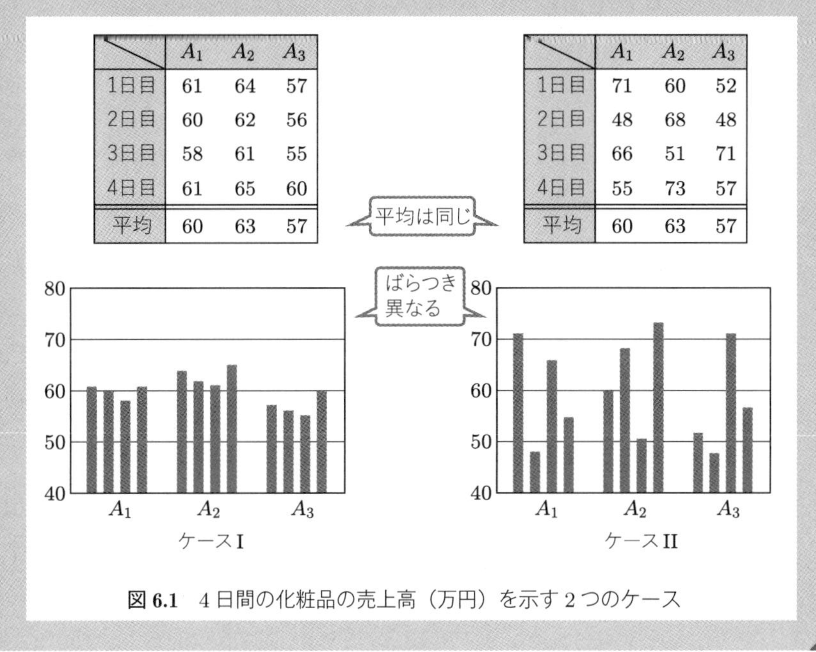

	A_1	A_2	A_3
1日目	61	64	57
2日目	60	62	56
3日目	58	61	55
4日目	61	65	60
平均	60	63	57

	A_1	A_2	A_3
1日目	71	60	52
2日目	48	68	48
3日目	66	51	71
4日目	55	73	57
平均	60	63	57

図 6.1　4 日間の化粧品の売上高（万円）を示す 2 つのケース

解答　元データの多少を比べやすくするために棒グラフで示します．ケース I であれば，景品 A_1, A_2, A_3 による売上高の平均に違いがあり，日ごとのばらつきが小さいので，景品の効果はありそうです．ケース II は，各景品の売上高の平均の違いと 4 日間の売上高のばらつきとが混在しており，景品の効果は不明です．　□

このように，元データのグラフを描いて，要因の水準間（景品ごとの平均売上高）の変動と各水準内（景品ごとの売上データ）の変動とを考察することで，要因（景品）の効果を推測することができます．

6.2.2　統計解析から要因効果を判断する方法（分散分析法）

分散分析法（analysis of variance）とは，全データの全変動から，要因による変動が実験誤差による変動よりも大きい（要因効果がある）かどうかを統計的に検定する方法です．

実験計画法では各要因の水準間の平均変化を調べるため，分散を**平均平方**（mean squares）とよびます．

分散分析法では，要因 A の平均平方 V_A と誤差 e の平均平方 V_e から，V_A と V_e の分散比を式 (2.26) または式 (4.12) から F 分布表を用いて検定し（これを F 検定といいます），V_A が V_e より大きければ要因効果があると判断します．すなわち，要因の水準変化による変動が誤差変動よりも大きければ要因効果があるとみなします．以下の事例を通して，データの全変動から要因の変動，誤差変動を導く分散分析法の手順を説明します．

事例 6.2　事例 6.1 と同じく，化粧品の 1 日平均売上を景品ごとに調べたところ，**表 6.3** のようになりました．要因（景品）は化粧品の売上に貢献するといえるでしょうか？

表 6.3　売上データ（図 6.1 のケース I 再掲）

	A_1	A_2	A_3
1 日目	61	64	57
2 日目	60	62	56
3 日目	58	61	55
4 日目	61	65	60
グループ合計	240	252	228
平均	60	63	57

解答

手順 1　総平方和 S_T（データの全変動）を求める

売上データ y_{ij} において，要因 A（景品の違い）の水準を i $(i = 1, \ldots, 3)$，実験日の違いを j $(j = 1, \ldots, 4)$ とすると，売上データの総平方和 S_T は次式で計算できます．これは第 1 章で出てきた平方和 S を求める式 (1.4) と同じです．

$$S_T = \sum_{i=1}^{3}\sum_{j=1}^{4}(y_{ij} - \overline{y}_{\bullet\bullet})^2 = \sum_{i=1}^{3}\sum_{j=1}^{4} y_{ij}^2 - \frac{\left(\sum_{i=1}^{3}\sum_{j=1}^{4} y_{ij}\right)^2}{3 \times 4}$$

$$= (\text{個々のデータの 2 乗和}) - \frac{(\text{データの総計})^2}{(\text{データの総数})} \qquad (6.1)$$

ここで，$\overline{y}_{\bullet\bullet}$ は売上の総平均です．また，$CT = \dfrac{(\text{データの総計})^2}{(\text{データの総数})}$ を**修正項**（correction term）といいます．

事例 6.2 のデータの総計：$\sum\sum y_{ij} = 240 + 252 + 228 = 720$

修正項：$CT = \dfrac{720^2}{12} = 43200$

全データの総平方和 S_T：式 (6.1) より，

$$\begin{aligned} S_T &= (61^2 + 60^2 + 58^2 + 61^2 + 64^2 + \cdots + 57^2 + 56^2 + 55^2 + 60^2) - 43200 \\ &= 102.0 \end{aligned}$$

となります．

手順 2　総平方和から要因平方和（要因の変動）を求める

売上データ y_{ij} は，次式のように，売上高の総平均 $\overline{y}_{\bullet\bullet}$，要因 A（景品の違い i）の偏差 $(\overline{y}_{i\bullet} - \overline{y}_{\bullet\bullet})$，誤差（同一景品内で実験日の違い j）の偏差 $(y_{ij} - \overline{y}_{i\bullet})$ の和で表せます．

$$y_{ij} = \overline{y}_{\bullet\bullet} + (\overline{y}_{i\bullet} - \overline{y}_{\bullet\bullet}) + (y_{ij} - \overline{y}_{i\bullet}) \tag{6.2}$$

これを用いると，売上データの総平方和 S_T は以下のように展開できます．

$$\begin{aligned} S_T &= \sum_{i=1}^{a}\sum_{j=1}^{n_i}(y_{ij} - \overline{y}_{\bullet\bullet})^2 = \sum\sum\left\{(\overline{y}_{i\bullet} - \overline{y}_{\bullet\bullet}) + (y_{ij} - \overline{y}_{i\bullet})\right\}^2 \\ &= \sum\sum(\overline{y}_{i\bullet} - \overline{y}_{\bullet\bullet})^2 + \sum\sum(y_{ij} - \overline{y}_{i\bullet})^2 \\ &\quad + 2\sum\sum(\overline{y}_{i\bullet} - \overline{y}_{\bullet\bullet})(y_{ij} - \overline{y}_{i\bullet}) \\ &= \sum\sum(\overline{y}_{i\bullet} - \overline{y}_{\bullet\bullet})^2 + \sum\sum(y_{ij} - \overline{y}_{i\bullet})^2 = S_A + S_e \end{aligned} \tag{6.3}$$

なお，2〜3 行目の式の第 3 項は偏差の積で，偏差は 0 なのでなくなります．したがって，売上データの総平方和 S_T は，次式のように，要因 A（景品の違い）の平方和 S_A と誤差 e（同一景品内で実験日の違い）平方和 S_e との和で表せます．

$$\text{売上データの総平方和 } S_T = \text{要因平方和 } S_A + \text{誤差平方和 } S_e \tag{6.4}$$

このように，全データの総平方和から各要因の平方和と誤差平方和とを分離分解して求めることを，**平方和の分解**といいます．

また，式 (6.3) の要因 A の平方和 S_A は，式 (6.5) となります．

$$S_A = \sum\sum(\overline{y}_{i\bullet} - \overline{y}_{\bullet\bullet})^2 = \sum n_i(\overline{y}_{i\bullet} - \overline{y}_{\bullet\bullet})^2 = \sum_i \frac{y_{i\bullet}^2}{n_i} - \frac{y_{\bullet\bullet}^2}{\sum_i n_i}$$

$$= \sum_i \frac{y_{i\bullet}^2}{n_i} - CT \tag{6.5}$$

これを言葉で表すと

$$\text{要因}\ A\ \text{の平方和}：S_A = \sum_i \frac{(A_i\ \text{で実験したデータの総計})^2}{(A_i\ \text{で実験したデータ数})} - CT \tag{6.6}$$

となります．式 (6.6) の形も式 (1.4) と同じです．これは，実験計画法において各要因の平方和を求める重要な式です．

要因 A（景品）の平方和 S_A：式 (6.5) より，

$$S_A = \left(\frac{240^2}{4} + \frac{252^2}{4} + \frac{228^2}{4}\right) - 43200 = 72$$

となります．

また，式 (6.4) の $S_T = S_A + S_e$ より，

$$\text{誤差平方和}：S_e = S_T - S_A = 102 - 72 = 30$$

となります．

手順 3　要因平方和から各項目の分散を求める

要因および誤差のばらつきの分散 V（平均平方）は次式で求められます．

$$\text{分散（平均平方）}\ V = \frac{(\text{平方和}\ S)}{(\text{自由度}\ \nu)} \tag{6.7}$$

要因 A（景品の違い）の水準が 3 なので，要因 A の自由度 ν_A は $\nu_A = 3 - 1 = 2$ です．表 6.3 より，データの総数は $n = 12$ なので，全データの自由度は $\nu_T = n - 1 = 12 - 1 = 11$，これより，誤差 e の自由度は $\nu_e = \nu_T - \nu_a = 11 - 2 = 9$ と求められます．

要因 A の平均平方（分散）V_A：自由度 $\nu_A = 2$ で，

$$V_A = \frac{S_A}{\nu_A} = \frac{72}{2} = 36.00$$

誤差の平均平方（分散）V_e：自由度 $\nu_e = 9$ で，

$$V_e = \frac{S_e}{\nu_e} = \frac{30}{9} = 3.33$$

となります．

手順 4 分散分析表に整理して F 検定を行う

手順 2 と手順 3 の計算結果をもとに分散分析表（**表 6.4**）に整理します．

要因効果があるということは，要因のばらつき V_A が誤差のばらつき V_e より大きいということなので，検定統計量は第 4 章で学んだ式 (4.12) の統計量 F_0 となります．

$$F_0 = \frac{V_A}{V_e} \tag{6.8}$$

これより F_0 値を求めると，次のようになります．

$$F_0 = \frac{V_A}{V_e} = \frac{36.00}{3.33} = 10.80 \tag{6.9}$$

以上の結果を整理した表 6.4 を**分散分析表**といいます．

表 6.4 分散分析表

要因	平方和 S	自由度 ν	平均平方 V	分散比 F_0	F 境界値
要因 A（景品）	72.00	2	36.00	10.80	4.26
e（誤差）	30.00	9	3.33		
合計	102.00	11			

検定統計量 F_0 値は自由度 $(2, 9)$ の F 分布に従うので，F 分布の右側に 5.0% (0.05) を置き，巻末の F 分布表から値を読み取ると 4.26 となり，棄却域は次のようになります．

$$F_0 > 4.26 \tag{6.10}$$

これより，要因 A の分散 V_A は誤差分散 V_e に比べて有意に大きいので，景品効果は認められます．よって，平均売上がもっとも多い景品 A_2 のときに売上効果が高いといえます． □

このように分散分析表から，検定した一つの要因が有意に大きく認められたときは**主効果**ありともよび，要因 A なら a_i で示します．

分散分析法では，このように全データの平方和を，各要因の平均平方と誤差の平均平方とに平方和分解して，各要因の平均平方が誤差の平均平方より大きいとみなされた順に，各要因が特性値に影響を与えていると判断していきます．

このフィッシャーの実験計画法が誕生した逸話として「貴婦人の紅茶」の話が有名ですので，以下のコラムで紹介します．

コラム4　実験計画法誕生に関する貴婦人の紅茶の話[20)]

1920年代のある晴れた日，ケンブリッジでアフタヌーンティーを楽しんでいるグループのなかのある貴婦人が，紅茶にミルクを注ぐ（フランス式）と，ミルクに紅茶を注ぐ（英国式）とでは味が違い，自分はその違いを識別できると主張しました．

周りの人たちはそんなことはできるはずがないと一笑しましたが，ある紳士が「それなら実験で検証しようじゃないか」と提言しました．その紳士が実は**フィッシャー**だったのです．

検証するための実験の進め方については，彼の著書「実験計画法」[19)]で具体的に語られています．簡単にいうと，紅茶のカップを用意して，4杯はフランス式で，残りの4杯は英国式で混合して，それを無作為な順に提供して，貴婦人に判定してもらう，というものです．4杯すべてが正しく答えられる場合の確率は $1/70 \fallingdotseq 0.014$ なので稀であり，1杯だけ誤る場合の確率は $16/70 \fallingdotseq 0.229$ で稀ではないとしました．この判断基準の確率から，彼は，有意差検定の有意水準を5% $(= 1/20)$ 程度としたとも言われています．

この実験の結末は著書「実験計画法」には語られていませんが，その場にいた他の人の証言が記録に残っており，この貴婦人は，フランス式と英国式のミルクティーとを間違いなく見事に言い当てたようです．

ところで，先に常温ミルクをカップに入れ，高温の熱い紅茶を後で注ぐ（英国式）のほうが，ミルクのタンパク変性が少なくなり，美味しいという説[21)]があります．

上記のコラムに関して，紅茶の量やミルクの量の物理的条件は同じにしたとしても，飲む順序による後味の影響や紅茶の冷め具合などの影響で，本来知りたい味の差とは別の要因で結果が変わる可能性もあります．そのためにも，試飲の実験は無作為に進めることが大切であり．無作為化により，知りたい要因以外の考えられる実験への影響をすべて誤差として扱います．そうした後で誤差以上に味の違いがあれば，味の違いが判別できます．また，判断を誤らないためには，実験の規模を拡大して，より多く繰り返して行い，実験の精度を上げることが重要です．

本章のまとめ

ある特性に影響する要因が複数あり，計画的に実験できる場合には，実験計画法を活用するのが効率的かつ効果的です．各要因をいくつかの水準で変化させて，特性の変化を探ります．各要因のその特性に及ぼす影響度合いは，式(6.6)の平方和で求めます（式(1.4)と同じ）．式(6.6)をしっかりと頭に叩き込んでおきましょう．

実験計画法

実験計画法の範囲は広いので，本書では，**図 7.1** に示すように，身近で役立つ手法を抜粋し，完備型の「7.1 基礎的な実験法」と「7.2 分割法と乱塊法」，それに「7.3 直交配列表による一部実施法」とに分けて解説します．なお，細部の内容は図に示すとおりです．

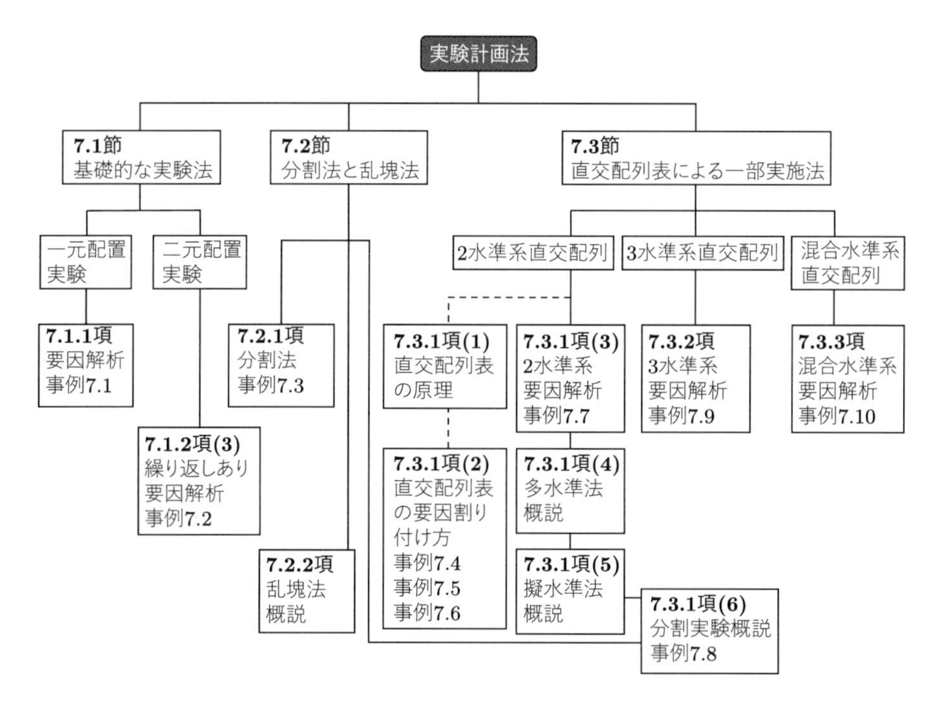

図 7.1　本書で説明する実験計画法の内容の体系

本章で扱う事例の概要を下記にまとめます．

事例 7.1：3 種類の薬剤のうちのどれが化粧品の美白効果を高めるのに効果が高いか？
—— 1 つの要因に対する 3 水準の実験計画法

事例 7.2：布地の熱処理と加工法をどのような条件にすれば，保温快適性がより向上するか？
――2つの要因を無作為に組み合わせた実験計画法

事例 7.3：事例 7.2 と同じ実験を無作為に組み合わせて行うと手間や経費がかかるので，その手間を軽減した分割法で行えばどうなるか？
――2つの要因を2段階に分けて実験を行う分割法

事例 7.4～7.6：直交配列表による一部実施法において，複数の要因や交互作用を直交配列表にどのように割り付ければよいか？

事例 7.7：仕入原料，加工温度，添加剤，装置の各2水準の4要因を取り上げて，無作為な実験で強度を測定した．強度の主たる要因は何か？
――2水準系直交配列表 L_8 を用いた要因解析

事例 7.8：特殊フィルムのコーティング，加工温度，乾燥速度の3つの要因を2段階に分けて行う分割実験では，どのように要因を割り当てたらよいか？
――2水準系直交配列表 L_8 を用いた分割実験の割り付け方

事例 7.9：チラシによる売上高効果を測るために，チラシの大きさ（3水準），色使い（3水準），紙質（3水準）の3つの要因を取り上げて，無作為な実験でチラシの違いによる売上高を調べた．売上高向上のための主たる要因は何か？
――3水準系直交配列表 L_9 を用いた要因解析

事例 7.10：働く女性のビール嗜好満足度の要因は，6つのうちどれか？
――交互作用がないとき，多くの要因を割り付ける混合系直交配列表を用いた要因解析

実験計画法の解析は次の手順で進めます．

手順1：実験結果から必要な補助表を作成する
手順2：データをグラフ化して要因効果を予測する
手順3：データの構造を簡単な式で表す
手順4：仮説と有意水準を設定する
手順5：要因の平方和を計算する
手順6：要因の平方和の結果を分散分析表に整理して，要因の効果を判断する
手順7：最適解を求めて，要因効果をまとめる

7.1 基礎的な実験法

7.1.1 一元配置実験

一元配置実験は，ある特性に影響があると思える要因を1つだけ取り上げて，その水準による特性への効果を調べます．事例7.1を通じてその解析手順を解説します．

事例 7.1　化粧品の美白効果を高めるために，要因として薬剤 A_1：現行薬，A_2：新薬 i，A_3：新薬 ii の3種を用意して複数回実験を行い，それぞれの美白度 y_{ik} を測定した結果が**表7.1**です（値が大きいほうが好ましい）．また，各統計量は以下のとおりです．

表7.1　実験結果 (y_{ik})

	A_1	A_2	A_3
1回目	80	89	76
2回目	85	95	81
3回目	82		
計 $y_{i\bullet}$	247	184	157

データ総数：$n = 7$

データの総計：$\sum y = 588$,　　データの2乗和：$\sum y^2 = 49632.00$

修正項：$CT = \dfrac{588^2}{3+2+2} = \dfrac{345744}{7} = 49392.00$

総平方和（式(6.1)）：$S_T = \sum y^2 - CT = 49632.00 - 49392.00 = 240.00$

全体の自由度：$\nu_T = n - 1 = 7 - 1 = 6$

美白効果が高いのは A_1, A_2, A_3 のどれでしょうか？

解答

手順1　実験結果から必要な補助表を作成する

総平方和 S_T などを求めるために，表の実験結果を2乗した補助表（**表7.2**）を作成します．

手順2　データをグラフ化して要因効果を予測する

表7.1のデータをもとに散布図を描くと，**図7.2**が得られます．薬剤により美白効果に違いがありそうなことがわかります．

表 7.2　解析のための補助表 (y_{ik}^2)

	A_1	A_2	A_3
1回目	6400	7921	5776
2回目	7225	9025	6561
3回目	6724		
計 $y_{i\bullet}^2$	20349	16946	12337

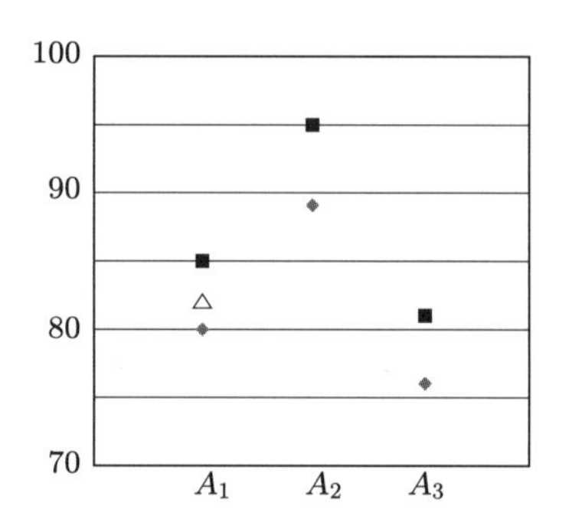

図 7.2　薬剤 A_i の違いによるデータの散布図

手順 3　データの構造を簡単な式で表す

データを y_{ik}，データの全平均を μ とし，要因（薬剤）A の主効果を a_i $(i=1,2,3)$，各水準の実験繰り返し数を k ($k=1\sim3$, or $1\sim2$) とします．各測定に伴う誤差を e_{ik} とすると，データの構造は式 (7.1) となります．

$$y_{ik} = \mu + a_i + e_{ik} \tag{7.1}$$

手順 4　仮説と有意水準を設定する

帰無仮説 $H_0：a_1 = a_2 = a_3 = 0 \quad (H_0：\sigma_A^2 = 0)$
（薬剤に違いはなく，効果はゼロ）

対立仮説 H_1：少なくとも 1 つの a_i が 0 でない　$(H_1：\sigma_A^2 > 0)$
（薬剤に違いがあり，効果のある薬剤が存在する）

有意水準：$\alpha = 0.05$

以下の手順 6 の分散分析では，平均平方 V_a を用いて分散比 F_0 を検定するので，帰無仮説は $H_0：\sigma_A^2 = 0$ とも表現できます．しかし，あくまでも検定しているのは要因 A の水準による母平均の変化の有無です．したがって，帰無仮説としては $H_0：a_1 = a_2 = a_3 = 0$ を前面に示します．以降，実験計画法の仮説は，上記の 2 通りで示します．

手順 5　要因の平方和を計算する

要因 A の平方和 S_A を第 6 章で説明した式 (6.6) から求めます．各水準の実験回数がそれぞれ 3, 2, 2 回と異なるので，式の分母（A_i で実験したデータ数）はそれぞれ 3, 2, 2 となることに注意しましょう．

$$S_A = \frac{247^2}{3} + \frac{184^2}{2} + \frac{157^2}{2} - 49392.00 = 196.83$$

また，その自由度は $\nu_A = a - 1 = 3 - 1 = 2$ となります．

誤差平方和 S_e は

$$S_e = S_T - S_A = 240.00 - 196.83 = 43.17$$

となり，その自由度は $\nu_e = \nu_T - \nu_A = 6 - 2 = 4$ です．

手順 6　要因の平方和の結果を分散分析表に整理して，要因の効果を判断する

各要因の平方和の結果を分散分析表にまとめたのが**表 7.3** です．

表 7.3　事例 7.1 の分散分析表

要因	平方和 S	自由度 ν	平均平方 V	分散比 F_0	F 境界値
A	$S_A = 196.83$	$\nu_A = 2$	$V_A = S_A/\nu_A = 98.42$	$V_A/V_e = 9.12$	6.94
e（誤差）	$S_e = 43.17$	$\nu_e = 4$	$V_e = S_e/\nu_e = 10.79$		
合計	240.00	6			

式 (6.8) と巻末の F 分布表を用いて要因 A の効果を検定します．

$$F_0 = \frac{V_A}{V_e} = \frac{98.42}{10.79} = 9.12 > F_{0.05}(2,4) = 6.94 \tag{7.2}$$

これより，帰無仮説 H_0 は棄却され，対立仮説 H_1 が採択されます．すなわち，薬剤には違いがあり，美白効果がある薬剤が存在します．これより，手順 3 のデータの構造式 (7.1) が成り立ちます．

手順 7　最適解を求めて，要因効果をまとめる

図 7.2 より A_2：新薬 i の美白効果がもっとも高いので，そのデータの平均 $\overline{y}_2 = 184/2 = 92.00$ が最適解の点推定値になります．

誤差を勘案した $\overline{y}_2$ の 95% の区間幅は $\pm t_{0.025}(\nu_e) \times \sqrt{V_e/n_2}$ から求まります．表 7.3 から $\nu_e = 4$，$V_e = 10.79$，A_2 のデータ数 $n_2 = 2$，また巻末の t 分布表から得られる $t_{0.025}(4) = 2.776$ を代入すると，A_2 の美白効果は

$$92.00 \pm 2.776 \times \sqrt{\frac{10.79}{2}} \fallingdotseq 92.00 \pm 6.45 = 85.55 \sim 98.45 \tag{7.3}$$

となります．□

7.1.2 二元配置実験

二元配置実験は，特性へ影響を与える要因を2つ同時に取り上げて，要因と水準のすべての組合せを実験する要因配置型の実験です．その目的は，

- 特性に対する2つの要因の効果（主効果）を求めること
- 2要因を組み合わせることによって得られる相乗効果や相殺効果（交互作用）を解析すること

です．そして，交互作用を検出するには，同じ組合せの実験を2回以上繰り返さなければいけません．

まず「交互作用」とは何か，「実験を無作為に進める」とはどういうことかを説明してから，事例7.2を通じて，繰り返しありの二元配置実験の要因解析の手順を説明します．

(1) 交互作用

交互作用（interaction）とは，2つ以上の要因が組み合わさることで現れる相乗効果または相殺効果のことです．たとえば農産物において，肥料の量と土の種類が相互に影響を及ぼし合い，収穫量が増減することがあげられます．交互作用によるこの効果を，**交互作用効果**といいます．

データ y_{ij} において，要因（温度）A の i 水準の主効果を a_i，要因（触媒）B の j 水準の主効果を b_j とおき，温度と触媒の化学反応による要因間の相乗効果を $(ab)_{ij}$ とします．これを繰り返し k 回 $(k=2)$ 実験したデータを y_{ijk}，全平均を μ，各実験の誤差を e_{ijk} とすると，繰り返しありの二元配置実験におけるデータの構造式は，式 (7.4) のように表せます．

$$y_{ijk} = \mu + a_i + b_j + (ab)_{ij} + e_{ijk} \tag{7.4}$$

図7.3 のように A_i，B_j の各水準の平均値の位置関係をグラフに描いたとき，どのような位置関係にあると，主効果や交互作用 $(A \times B)$ があると推察されるのでしょうか．

図7.3(1)〜(6) において，交互作用があると（交互作用○と表記）推察されるパターンは図(4)〜(6) です．すなわち，交互作用がある場合は，A_1 と A_2 水準間のグラフが平行ではなく，要因による特性値の伸びが異なります．

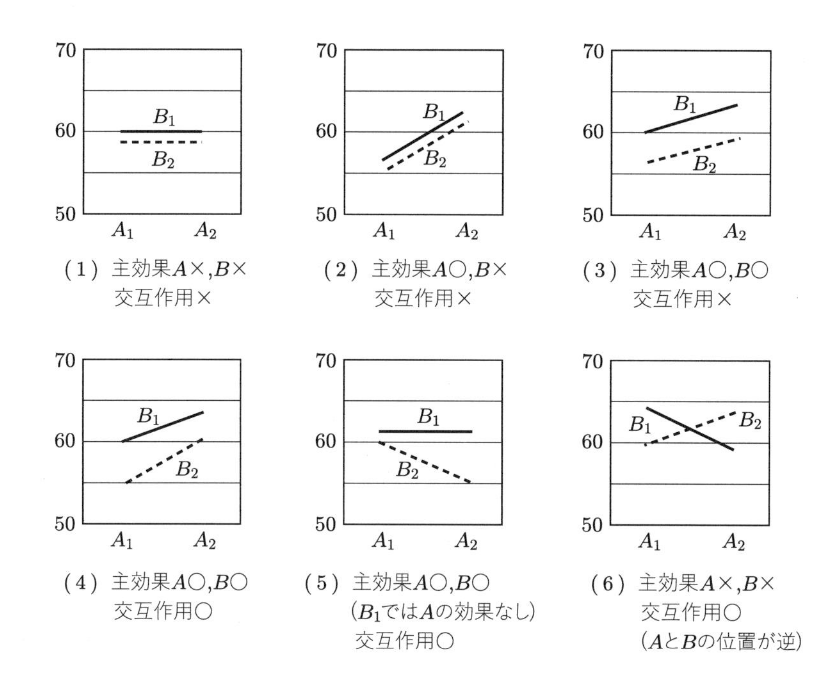

図 7.3 A，B の各水準平均値の位置関係から交互作用を推察（○あり，×なし）

(2) 実験を無作為に進める

要因 A を 3 水準 $(i = 3)$，要因 B を 2 水準 $(j = 2)$，繰り返しを 2 回 $(k = 2)$ 行う総実験回数 $3 \times 2 \times 2 = 12$ 回の実験を例に，乱数表を用いて無作為に進める手順を以下に示します．

(i) サイコロを振って出た目のページ数を開く[†]

(ii) 目を閉じ，そのページのどこかを指す（**図 7.4**）

(iii) その指した数字から出発し，横（または縦）の数字を，図のように各水準組合せ実験表に順次埋めていく（同じ数字が出た場合はスキップし，次の数字に進む）

(iv) 埋めた数字の小さいほうから順に実験①, ②, . . . , ⑫を行う

(3) 要因解析

以下の事例を通して，要因解析の手順を説明します．

† 乱数表は 6 ページあり，各ページには図 7.4 のように 2 桁の数字が並んでいます．

05	07	88	84	13	51	94	51	98	95	12	77	92	77	56	47	62	82	71	82
18	71	50	87	75	80	41	77	28	61	44	49	09	11	79	35	96	51	61	82
87	18	88	81	34	46	73	34	57	81	19	83	89	24	75	32	98	28	81	15
44	08	60	16	05	98	72	36	60	36	74	39	25	92	54	56	90	01	59	09
89	75	70	93	74	06	24	49	81	45	86	36	51	26	55	60	16	32	86	43

1つのブロック

	B_1	B_2	B_1	B_2
A_1	05 ①	84 ⑦	94 ⑩	12 ③
A_2	07 ②	13 ④	98 ⑫	77 ⑥
A_3	88 ⑧	51 ⑤	95 ⑪	92 ⑨

図 7.4　乱数表（一部）と数字の当てはめ

事例 7.2

保温快適布地を開発しています．快適性を向上させるために，熱処理と加工の2つの要因を取り上げ，熱処理条件 A は (140°C, 160°C, 180°C) の3水準 $(i=3)$，加工条件 B は (加工 i，加工 ii) の2水準 $(j=2)$ とします．

これらを組み合わせて，繰り返し2回 $(k=2)$ の無作為実験を行った結果を**表 7.4** に示します．なお快適性は，人間の皮膚と同様の機構をもつロボットセンサーにて測定し，好ましいほど大きな数字になります．

今回は，熱処理と加工の組合せ実験を無作為に実施したので経費と手間を要しました．

表 7.4　図 7.4 の①～⑫の順序で無作為に実験を行った結果

	B_1	B_1	B_2	B_2
A_1	40	7	62	14
A_2	56	33	78	72
A_3	71	82	94	91

各統計量は以下のとおりです．

データ総数：$n=3$ (A の水準) $\times 2$ (B の水準) $\times 2$ (繰り返し) $=12$

データの総計：$\sum y = 700$

データの2乗和：

$$\sum y^2 = 40^2 + 7^2 + 56^2 + 33^2 + 71^2 + 82^2 + 62^2 + 14^2 + 78^2 + 72^2 + 94^2 + 91^2 = 50064.00$$

修正項：$CT = \dfrac{700^2}{12} = 40833.33$

総平方和：$S_T = \sum y^2 - CT = 50064.00 - 40833.33 = 9230.67$

全体の自由度：$\nu_T = 12 - 1 = 11$

熱処理や加工法の違いによる主効果や交互作用はあるといえるでしょうか？

解答

手順1　実験結果から必要な補助表を作成する

表7.4の実験結果から，要因別の効果がわかるように**表7.5**を，また，要因組合せの効果がわかるように**表7.6**（二元表とよびます）を作成します．

表7.5　要因別にデータを整理

	B_1	B_2	計
A_1	40 7	62 14	123
A_2	56 33	78 72	239
A_3	71 82	94 91	338
計	289	411	700

表7.6　要因組合せの二元表

	B_1	B_2	計
A_1	47	76	123
A_2	89	150	239
A_3	153	185	338
計	289	411	700

手順2　データをグラフ化して要因効果を予測する

表7.5のデータから作成した散布図が**図7.5**です．図より，要因A，Bの効果はありそうですが，各水準の線がほぼ平行なので，交互作用$A \times B$はなさそうです．

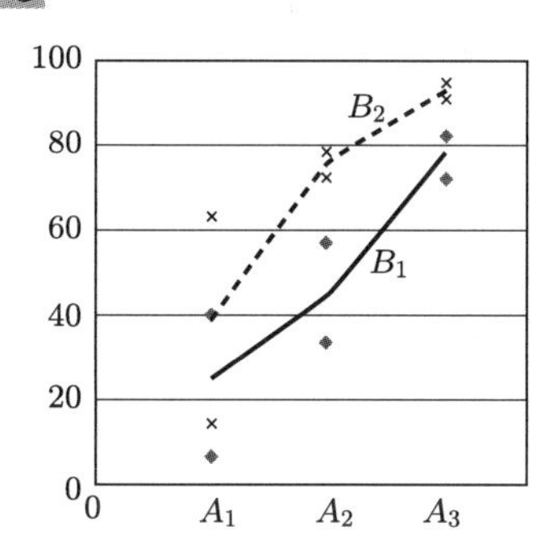

図7.5　得られたデータの散布図

手順3　データの構造を簡単な式で表す

データをy_{ij}，要因Aの効果をa_i $(i = 1, 2, 3)$，要因Bの効果をb_j $(j = 1, 2)$とすると，繰り返し$k = 2$回実験を行った二元配置実験なので，データの構造式は次式となります．

$$y_{ijk} = \mu + a_i + b_j + (ab)_{ij} + e_{ijk} \tag{7.5}$$

ここで，μは全平均，e_{ijk}は各実験の誤差です．

手順4　仮説と有意水準を設定する

(1) 帰無仮説 H_0：$a_1 = a_2 = a_3 = 0$　$(H_0 : \sigma_A^2 = 0)$
（熱処理条件による違いはなく，熱処理の効果はない）

対立仮説 H_1：少なくとも1つの a_i が0でない　$(H_1 : \sigma_A^2 > 0)$
（熱処理条件による違いがあり，熱処理の効果はある）

(2) 帰無仮説 H_0：$b_1 = b_2 = 0$　$(H_0 : \sigma_B^2 = 0)$
（加工条件による違いはなく，加工の効果はない）

対立仮説 H_1：少なくとも1つの b_j が0でない　$(H_1 : \sigma_B^2 > 0)$
（加工条件による違いがあり，加工の効果はある）

(3) 帰無仮説 H_0：$(ab)_{11} = (ab)_{12} = \cdots = (ab)_{32} = 0$　$(H_0 : \sigma_{A\times B}^2 = 0)$
（熱処理と加工との交互作用はない）

対立仮説 H_1：少なくとも一つの $(ab)_{ij}$ が0でない　$(H_1 : \sigma_{A\times B}^2 > 0)$
（熱処理と加工との交互作用が認められる）

以降，複数ある要因の効果の仮説表記は，代表的な一つだけ示します．

有意水準：$\alpha = 0.05$

手順5　要因の平方和を計算する

要因解析の計算は最初なので丁寧に示します．要因 A に対しては，

平方和：A の水準を変えることで現れた A の効果は，表7.5から，第1～3水準ではそれぞれ123，239，338なので，次式のようになります．

$$S_A = \frac{123^2}{4} + \frac{239^2}{4} + \frac{338^2}{4} - CT = 46623.50 - 40833.33 = 5790.17$$

自由度：水準数が $i = 3$ なので

$$\nu_A = i - 1 = 3 - 1 = 2$$

平均平方：$V_A = \dfrac{S_A}{\nu_A} = \dfrac{5790.17}{2} = 2895.09$

となります．同様にして，要因 B については以下のようになります．

平方和：$S_B = \dfrac{289^2 + 411^2}{6} - CT = 42073.67 - 40833.33 = 1240.34$

自由度：水準数が $j = 2$ なので

$\nu_B = j - 1 = 2 - 1 = 1$

平均平方：$V_B = \dfrac{S_B}{\nu_B} = \dfrac{1240.34}{1} = 1240.34$

次に，交互作用について考えます．各要因の各水準の組合せによる AB 間平方和 S_{AB} は，表 7.6 より

$$\begin{aligned} S_{AB} &= \frac{47^2 + 89^2 + 153^2 + \cdots + 150^2 + 185^2}{2} - CT \\ &= 48020.00 - 40833.33 = 7186.67 \end{aligned}$$

となります．ここで，S_{AB} には要因 A の平方和と要因 B の平方和が含まれるので，交互作用 $A \times B$ の平方和 $S_{A\times B}$ を求めるために，S_{AB} から S_A と S_B を引きます．

平方和：

$$S_{A\times B} = S_{AB} - S_A - S_B = 7186.67 - 5790.17 - 1240.34 = 156.16$$

自由度：$\nu_{A\times B} = (a-1) \times (b-1) = (3-1) \times (2-1) = 2 \times 1 = 2$

平均平方：$V_{A\times B} = \dfrac{S_{A\times B}}{\nu_{A\times B}} = \dfrac{156.16}{2} = 78.08$

最後に，実験誤差の平方和と自由度および平均平方を求めます．

平方和：

$$\begin{aligned} S_e &= S_T - (S_A + S_B + S_{A\times B}) = 9230.67 - (5790.17 + 1240.34 + 156.16) \\ &= 2044.00 \end{aligned}$$

自由度 ν_e：$\nu_e = \nu_T - \nu_A - \nu_B - \nu_{A\times B} = 11 - 2 - 1 - 2 = 6$

平均平方：

$$V_e = \frac{S_e}{\nu_e} = \frac{2044.00}{6} = 340.67$$

手順 6　要因の平方和の結果を分散分析表に整理して，要因の効果を判断する

各要因の平方和計算結果を分散分析表にまとめたものが**表 7.7** です．各要因効果を，巻末の F 分布表を用いて検定します．

要因 A は，

$$F_0 = \frac{V_A}{V_e} = \frac{2805.09}{340.67} = 8.50 > F_{0.05}(2, 6) = 5.14 \tag{7.6}$$

となり，帰無仮説 H_0 は棄却されます．すなわち，熱処理効果があるといえます．

要因 B は，

表 7.7　分散分析表 †

要因	平方和 S	自由度 ν	平均平方 V	分散比 F_0	平均平方の期待値 $E(V)$
A	5790.17	2	2895.09	8.50	$\sigma^2 + 4\sigma_A^2$
B	1240.34	1	1240.34	3.64	$\sigma^2 + 6\sigma_B^2$
$A \times B$	156.16	2	78.08	0.23	$\sigma^2 + 2\sigma_{A\times B}^2$
e（誤差）	2044.00	6	340.67		σ^2
合計	9230.67	11			

$$F_0 = \frac{V_B}{V_e} = \frac{1240.34}{340.67} = 3.64 < F_{0.05}(1, 6) = 5.99 \tag{7.7}$$

となり，帰無仮説 H_0 は棄却されません．すなわち，加工の違いによる効果があるとはいえません．

交互作用 $A \times B$ は，

$$F_0 = \frac{V_{A\times B}}{V_e} = \frac{78.08}{340.67} = 0.23 < F_{0.05}(2, 6) = 5.14 \tag{7.8}$$

となり，帰無仮説 H_0 は棄却されません．すなわち，交互作用があるとはいえません．

一般に，有意とならなかった要因は誤差（残差）に併合します．この併合の操作を**プーリング**（pooling）とよびます．ただし，この完備型の実験では，要因の主効果は，その効果が認められなくてもプールしないので要因 B は残し，交互作用 $A \times B$ のみを誤差へプールして，**表 7.8** のように分散分析表をつくり直します．

$$V_{e'} = \frac{S_e + S_{A\times B}}{\nu_e + \nu_{A\times B}} = \frac{2044.00 + 156.16}{6 + 2} = 275.02$$

$$\nu_{e'} = \nu_e + \nu_{A\times B} = 6 + 2 = 8$$

再度，数値表より要因 A の熱処理を検定すると，

表 7.8　交互作用をプールした分散分析表

要因	平方和 S	自由度 ν	平均平方 V	分散比 F_0	平均平方の期待値 $E(V)$
A	5790.17	2	2895.09	10.53	$\sigma^2 + 4\sigma_A^2$
B	1240.34	1	1240.34	4.51	$\sigma^2 + 6\sigma_B^2$
e'（誤差）	2200.16	8	275.02		σ^2
合計	9230.67	11			

† 表 7.7 の最後の列にある $E(V)$ は平均平方 V の期待値です．簡単に解説すると，一般に各水準のデータ数が同じ場合の Z 要因の平均平方 V_Z の期待値は $E(V_Z) = \sigma_e^2 + n_Z\sigma_Z^2$ で表され，n_Z は Z 要因の平均平方 V_Z を求めるのに用いた各水準のデータ数に相当します．たとえば要因 A では，各水準の効果は各 4 個のデータから求められているので $n_A = 4$ となり，要因 A の $E(V)$ は $\sigma^2 + 4\sigma_A^2$ となります．

$$F_0 = \frac{V_A}{V_{e'}} = \frac{2895.09}{275.02} = 10.53 > F_{0.05}(2, 8) = 4.46 \tag{7.9}$$

となり，有意となります．

以上より，データの構造式は次のようになります．

$$y_{ijk} = \mu + a_i + b_j + e_{ijk} \tag{7.10}$$

手順 7　最適解を求めて，要因効果をまとめる

手順 6 で示したように，最終的なデータの構造式は要因 A と要因 B を残して式 (7.10) となりました．したがって，この式より最適解を求めることになります．

表 7.6 から快適性が一番良かったのは A_3B_2 で，その点推定値は

$$\frac{338}{4} + \frac{411}{6} - \frac{700}{12} = 94.67$$

となります．これに実験誤差を考慮した誤差幅である式 (7.11) の値を求めて，最適解の 95% 区間推定を行います．

$$\pm t_{0.025}(\nu_{e'})\sqrt{\frac{V_{e'}}{n_{e'}}} \tag{7.11}$$

$n_{e'}$ は**有効反復数**とよばれ，2 つ以上の要因を組み合わせた条件における最適値（母平均）の点推定量の分散と誤差分散との比の逆数を表します．この $n_{e'}$ は一般に，次の田口の公式[22),23)] から求めます．

$$田口の公式：n_{e'} = \frac{全実験数（データ総数）}{（無視しない要因の自由度の和）+ 1} \tag{7.12}$$

分子は全実験数で 12，無視しない要因は A と B で，各自由度は $\nu_A = 2$，$\nu_B = 1$ なので分母は $(2+1)+1=4$ となり，有効反復数は

$$n_{e'} = \frac{12}{4} = 3$$

となります．

式 (7.12) から求めた $n_{e'} = 3$ や $V_{e'}$ =275.02 を式 (7.11) の平方根内の式に代入します．また，巻末の t 分布表から $t_{0.025}(8)$ の数値 2.306 を読み取り，式 (7.11) 全体の実験誤差の幅を計算すると，最適解の 95% 区間推定は

$$94.67 \pm 2.306\sqrt{\frac{275.02}{3}} = 94.67 \pm 22.08 = 72.59 \sim 116.75 \tag{7.13}$$

となります． □

(4) 繰り返しがない場合の二元配置実験

実験を繰り返して行うには，経費や手間が大きくかかります．交互作用の効果を考える場合は繰り返し実験を行う必要がありますが，もし交互作用がないことが技術的にわかっていれば，無作為な実験を1回行えばすみます．

繰り返しなしの二元配置実験ではS_TとS_{AB}とが同一の値となるので，誤差平方和S_eは$S_e = S_T - S_A - S_B$で与えられ，前述の交互作用の平方和$S_{A\times B} = S_{AB} - S_A - S_B$とも同じになります．したがって，$S_e$の値が大きくて交互作用が存在するかもしれない場合には，繰り返しありの実験を行い，誤差から交互作用分を分離します．

交互作用がなければ$S_e = S_T - S_A - S_B$として，自由度ν_eは$\nu_e = \nu_T - \nu_A - \nu_B$なので，$\nu_e = (ab-1) - (a-1) - (b-1) = (a-1)(b-1)$から，誤差の平均平方$V_e$が導けて，事例7.2の解析手順と同じように分散分析による要因の効果有無の解析ができます．この場合のデータの構造式は次式となります．

$$y_{ij} = \mu + a_i + b_j + e_{ij} \tag{7.14}$$

7.2 分割法と乱塊法

7.2.1 分割法

実験順序の無作為化は大原則ですが，取り上げる要因や実験の環境条件により，完全に無作為にすれば，時間や実験経費もかかり，実験が非効率になる場合があります．その場合に，無作為化を何段階かに分けて実施して，無作為化に伴う実験の負担を軽減する方法があります．それが**分割法**（split-plot）です．無作為化を2段階に分けた分割法を**1段分割法**といい，3段階に分けた分割法を**2段分割法**, ... と順によびます．

2つの要因を取り上げる場合は，条件の変更に時間がかかる要因（**一次要因**という）のほうの水準を先に決め，その水準を固定しておいて，もう一方の要因（**二次要因**という）の水準を変化させていきます．当然，実験の進め方が完全に無作為化した二次元配置実験とは異なるので，要因効果を見出す解析も変わります．

分割法は，局所管理の原理を用いて，実験の場を各段階に分けて実験し，その実験の場で生じる誤差を抽出するために各段階を繰り返す実験です．段階を設定することで，完全な無作為化よりも系統的に実験が進められ，要因の水準を変化させる手間と経費が軽減できます．

次の事例は，事例 7.2 と同じ問題に分割法を用いたものです．この事例を通して，分割法の要因解析について解説します．

事例 7.3

事例 7.2 の実験で，熱処理条件を無作為に実験するには手間や経費がかかるので，まず要因 A（一次要因）の熱処理の 3 水準 (140℃, 160℃, 180℃) を無作為に行い，各水準ででき上がった原料を二分した後に，要因 B（二次要因）の加工の 2 水準 (加工 i，加工 ii) を無作為に割り付けて実験しました．交互作用を確認するために実験を反復 ($k=2$) し，得た結果を**表 7.9** に示します．

表 7.9 実験を反復して得られた結果

	B_1	B_2	B_1	B_2
A_1	40	62	7	14
A_2	56	78	33	72
A_3	71	94	82	91

表 7.9 は表 7.4 と同じ数値ですが，事例 7.2 とは実験の進め方が異なるので，要因解析の手順も異なってきます．その違いを理解しましょう．

各統計量は以下のとおりです（事例 7.2 と同じ）．

データ総数：$n=12$

データの総計：$\sum y=700$，データの 2 乗和：$\sum y^2=50064.00$

修正項：$CT=\dfrac{700^2}{12}=40833.33$

総平方和：$S_T=\sum y^2-CT=50064.00-40833.33=9230.67$

全体の自由度：$\nu_T=12-1=11$

熱処理や加工法の違いによる主効果や交互作用はあるといえるでしょうか？

解答

手順 1 実験結果から必要な補助表を作成する

表 7.10 のように，データを整理した計算補助表を作成します．

最初の第 1 段階で，熱処理 A を 1 回無作為化して原料を作成しました．この一次要因 A の水準による実験誤差は，この 1 回の熱処理のなかに含まれます．そこで，もう一度，要因 A の熱処理を無作為に反復 R ($k=2$) し，要因 A から熱処理の誤差 $e_{(1)}$ を分離します．この一次要因 A の誤差 $e_{(1)}$ を**一次誤差**とよびます．そして，第 2 段階で二次要因 B の加工を無作為化した際の実験誤差 $e_{(2)}$ を**二次誤差**とよびます．今回では，一次誤差 $e_{(1)}$ と二次誤差 $e_{(2)}$ が生じるので，それらを求めます．

表 7.10　表 7.9 の実験結果の計算補助表

	R_1		R_2		計
	B_1	B_2	B_1	B_2	
A_1	40	62	7	14	123
A_2	56	78	33	72	239
A_3	71	94	82	91	338
計	167	234	122	177	700
	401		299		

反復 R

手順 2　データをグラフ化して要因効果を予測する

表 7.10 のデータから作成した散布図が**図 7.6** です．反復 R，要因 A，B の効果が認められます．交互作用 $A \times B$ はなさそうです．

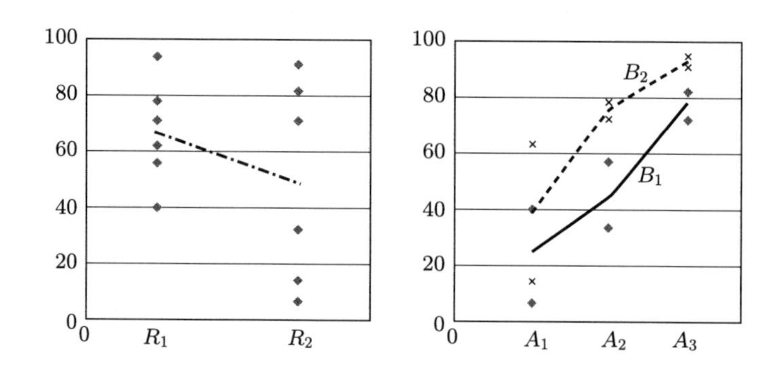

図 7.6　得られたデータの散布図

手順 3　データの構造を簡単な式で表す

全体平均 μ，反復の効果 ρ，一次要因 A（水準 i）の効果 a，一次誤差 $e_{(1)}$，二次要因 B（水準 j）の効果 b，交互作用 $A \times B$ の効果 (ab)，二次誤差 $e_{(2)}$ として，ひととおりの反復 R_k（反復 k）をすると，これらを含むデータ y_{ijk} の構造式は次式となります．

$$y_{ijk} = \mu + \rho_k + a_i + e_{(1)ik} + b_j + (ab)_{ij} + e_{(2)ijk} \tag{7.15}$$

手順 4　仮説と有意水準を設定する

分割法では，一次要因の効果は一次誤差に対して，二次要因の効果は二次誤差に対して比較します．また，一次誤差を二次誤差と比較することにより，その変動が大きいかどうかを判定できます．

- **一次誤差 $\boldsymbol{\sigma^2_{e(1)}}$（要因 $\boldsymbol{A}$ を分割した際の誤差）に対応する要因効果**

(1) 帰無仮説 H_0：$a_1 = a_2 = a_3 = 0$ (H_0：$\sigma_A^2 = 0$)
（一次要因 A による違いはなく，熱処理 A の効果はない）

対立仮説 H_1：少なくとも 1 つの a_i が 0 でない (H_1：$\sigma_A^2 > 0$)
（一次要因 A による違いがあり，熱処理 A の効果はある）

(2) 帰無仮説 H_0：$\sigma_R^2 = 0$（反復 R による違いはない）
対立仮説 H_1：$\sigma_R^2 > 0$（反復 R による違いがある）

- **二次誤差 $\boldsymbol{\sigma^2_{e(2)}}$（実験誤差）に対応する要因効果**

(3) 帰無仮説 H_0：$\sigma^2_{e(1)} = 0$（一次誤差 $e_{(1)}$ は無視できる）
対立仮説 H_1：$\sigma^2_{e(1)} > 0$（一次誤差 $e_{(1)}$ は無視できない）

(4) 帰無仮説 H_0：$b_1 = b_2 = 0$（H_0：$\sigma_B^2 = 0$）
（二次要因 B による違いはなく，加工 B の効果はない）

対立仮説 H_1：少なくとも 1 つの b_j が 0 でない (H_1：$\sigma_B^2 > 0$)
（二次要因 B による違いがあり，加工 B の効果はある）

(5) 帰無仮説 H_0：$(ab)_{11} = (ab)_{12} = \cdots = (ab)_{32} = 0$ (H_0：$\sigma^2_{A\times B} = 0$)
（要因 A と B との交互作用はない）

対立仮説 H_1：少なくとも 1 つの $(ab)_{ij}$ が 0 でない (H_1：$\sigma^2_{A\times B} > 0$)
（要因 A と B との交互作用は無視できない）

有意水準：$\alpha = 0.05$

手順 5　要因の平方和を計算する

分割法による実験の進め方に応じて，各要因の平方和を計算します．

事例 7.2 とは異なり，反復 R による平方和 S_R と，要因 A を割り付けた際の一次誤差の平方和 $S_{e(1)}$，要因 B を割り付けた際の二次誤差の平方和 $S_{e(2)}$ とが存在するので，それらを全平方和 S_T から分離して求めます．

表 7.10 から，要因 A の各水準値は事例 7.2 と同じなので，

平方和：$S_A = \dfrac{123^2}{4} + \dfrac{239^2}{4} + \dfrac{338^2}{4} - CT = 46623.50 - 40833.33 = 5790.17$

自由度：$\nu_A = 3 - 1 = 2$

です．

同様に，要因 B，交互作用 $A \times B$ の実験結果の数値も事例 7.2 と同じなので，要

因 B の平方和 S_B，AB 間平方和 S_{AB}，交互作用平方和 $S_{A\times B}$ も同じになります．

要因 B の平方和：$S_B = 1240.34$

AB 間平方和：$S_{AB} = 7186.67$

交互作用平方和：$S_{A\times B} = 156.16$

自由度：$\nu_B = 1$，$\nu_{A\times B} = 2$

また，実験を反復したので（反復数 2），反復による平方和と自由度は

反復による平方和：$S_R = \dfrac{401^2}{6} + \dfrac{299^2}{6} - CT = 41700.33 - 40833.33 = 867.00$

自由度：$\nu_R = 2 - 1 = 1$

であり，要因 A と反復 R との組合せ AR に対しては，

平方和：

$$\begin{aligned} S_{AR} &= \frac{(40+62)^2 + (56+78)^2 + \cdots + (33+72)^2 + (82+91)^2}{2} - CT \\ &= 48490.00 - 40833.33 = 7656.67 \end{aligned}$$

です．

これより，一次誤差については

平方和：

$$S_{e(1)} = S_{A\times R} = S_{AR} - S_A - S_R = 7656.67 - 5790.17 - 867.00 = 999.50$$

自由度：$\nu_{e(1)} = \nu_A \times \nu_R = 2 \times 1 = 2$

二次誤差については

平方和：

$$\begin{aligned} S_{e(2)} &= S_T - \left(S_R + S_A + S_{e(1)} + S_B + S_{A\times B}\right) \\ &= 9230.67 - (867.00 + 5790.17 + 999.50 + 1240.34 + 156.16) \\ &= 177.50 \end{aligned}$$

自由度：$\nu_{e(2)} = \nu_T - (\nu_R + \nu_A + \nu_{e(1)} + \nu_B + \nu_{A\times B}) = 11 - (1 + 2 + 2 + 1 + 2)$

$= 3$

となります．

手順 6　要因の平方和の結果を分散分析表に整理して，要因の効果を判断する

各要因の平方和計算結果を分散分析表にまとめたのが**表 7.11** です．表から，各要因効果を検定します．

表 7.11 分散分析表（1）

要因	平方和 S	自由度 ν	平均平方 V	分散比 F_0	平均平方の期待値 $E(V)$
R	867.00	1	867.00	1.73	$\sigma^2_{e(2)} + 2\sigma^2_{e(1)} + 6\sigma^2_R$
A	5790.17	2	2895.09	5.79	$\sigma^2_{e(2)} + 2\sigma^2_{e(1)} + 4\sigma^2_A$
$e_{(1)}$（一次誤差）	999.50	2	499.75	8.45	$\sigma^2_{e(2)} + 2\sigma^2_{e(1)}$
B	1240.34	1	1240.34	20.96	$\sigma^2_{e(2)} + 6\sigma^2_B$
$A \times B$	156.16	2	78.08	1.32	$\sigma^2_{e(2)} + 2\sigma^2_{A\times B}$
$e_{(2)}$（二次誤差）	177.50	3	59.17		$\sigma^2_{e(2)}$
合計	9230.67	11			

- **一次誤差 $\boldsymbol{\sigma^2_{e(1)}}$ に対応する要因効果**

巻末の F 分布表より，$F_{0.05}(1,2) = 18.5$，$F_{0.05}(2,2) = 19.0$，$F_{0.05}(2,3) = 9.55$，$F_{0.05}(1,3) = 10.1$ であるので，これらを用いて検定します．

要因 A は，

$$F_0 = \frac{V_A}{V_{e(1)}} = \frac{2895.09}{499.75} = 5.79 < F_{0.05}(2,2) = 19.0 \tag{7.16}$$

となり，帰無仮説 H_0 は棄却されません．すなわち，要因 A の熱処理の効果はあるとはいえません．

反復 R は，

$$F_0 = \frac{V_R}{V_{e(1)}} = \frac{867.00}{499.75} = 1.73 < F_{0.05}(1,2) = 18.5 \tag{7.17}$$

となり，帰無仮説 H_0 は棄却されず，反復の違いはあるとはいえません．

- **二次誤差 $\boldsymbol{\sigma^2_{e(2)}}$ に対応する要因効果**

一次誤差 $e_{(1)}$ は，

$$F_0 = \frac{V_{e(1)}}{V_{e(2)}} = \frac{499.75}{59.17} = 8.45 < F_{0.05}(2,3) = 9.55 \tag{7.18}$$

となり，帰無仮説 H_0 は棄却されません．すなわち，一次誤差は無視できます．

要因 B は，

$$F_0 = \frac{V_B}{V_{e(2)}} = \frac{1240.34}{59.17} = 20.96 > F_{0.05}(1,3) = 10.1 \tag{7.19}$$

となり，帰無仮説 H_0 は棄却されるので，要因 B の加工の効果は認められます．

交互作用 $A \times B$ は，

$$F_0 = \frac{V_{A\times B}}{V_{e(2)}} = \frac{78.08}{59.17} = 1.32 < F_{0.05}(2,3) = 9.55 \tag{7.20}$$

となり，帰無仮説 H_0 は棄却されないので，$A \times B$ の交互作用はあるとはいえません．

有意とならなかった反復 R を一次誤差へプールすると，新たな一次誤差 $e_{(1)'}$ の平均平方 $V_{(1)'}$ は

$$V_{(1)'} = \frac{999.50 + 867.00}{2+1} = \frac{1866.50}{3} = 622.17$$

となります．また，効果のなかった交互作用 $A \times B$ を二次誤差 $e_{(2)'}$ へプールすると，二次誤差の平均平方 $V_{(2)'}$ は

$$V_{(2)'} = \frac{177.50 + 156.16}{3+2} = \frac{333.66}{5} = 66.73$$

となります．

これらを再度分散分析表にしたのが**表 7.12** です．なお，有意にならなかった要因 A は，完備型実験の主効果なので残します．

表 7.12 の分散分析表 (2) から，再度，各要因効果を検定します．F 分布表より，$F_{0.05}(2,3) = 9.55$，$F_{0.05}(1,5) = 6.61$，$F_{0.05}(3,5) = 5.41$ です．

要因 A は，

$$F_0 = \frac{V_A}{V_{e(1)}} = \frac{2895.09}{622.17} = 4.65 < F_{0.05}(2,3) = 9.55 \tag{7.21}$$

となり，やはり帰無仮説 H_0 は棄却されず，要因 A の熱処理の効果はあるとはいえません．

表 7.12　分散分析表（2）

要因	平方和 S	自由度 ν	平均平方 V	分散比 F_0	平均平方の期待値 $E(V)$
A	5790.17	2	2895.09	4.65	$\sigma^2_{e(2)} + 2\sigma^2_{e(1)} + 4\sigma^2_A$
$e_{(1)'}$（一次誤差）	1866.50	3	622.17	9.32	${\sigma_{e(2)}}^2 + 2{\sigma_{e(1)}}^2$
B	1240.34	1	1240.34	18.59	$\sigma^2_{e(2)} + 6\sigma^2_B$
$e_{(2)'}$（二次誤差）	333.66	5	66.73		$\sigma^2_{e(2)}$
合計	9230.67	11			

新しい一次誤差 $e_{(1)'}$ は，

$$F_0 = \frac{V_{e(1)'}}{V_{e(2)'}} = \frac{622.17}{66.73} = 9.32 > F_{0.05}(3,5) = 5.41 \tag{7.22}$$

となり，帰無仮説 H_0 は棄却されて $\sigma^2_{(1)'} > 0$ となり，一次誤差は無視できません.

要因 B は，

$$F_0 = \frac{V_B}{V_{e(2)'}} = \frac{1240.34}{66.73} = 18.59 > F_{0.05}(1,5) = 6.61 \tag{7.23}$$

となり，帰無仮説 H_0 は棄却されて，要因 B の加工の効果は認められます.

要因 B は有意で，要因 A は主効果です．そのためこの 2 要因を残すと，データの構造式は次のようになります.

$$y_{ijk} = \mu + a_i + e_{(1)ik} + b_j + e_{(2)ijk} \tag{7.24}$$

なお，事例 7.2 では要因 A が有意でしたが，今回の分割実験では，要因 B と一次誤差 $e_{(1)}$ とが有意となりました.

もし，分割法の解析法を知らないで，実験のやりやすさから今回のような実験を行い，完全無作為化したとする事例 7.2 のような解析をしてしまったのなら，誤った結果を導いてしまいます．開発や改善の方向性を正しく知るには，実験の進め方の違いにより誤差の出方も異なることを理解して，実験の進め方に合った要因の解析を行うことが重要です.

手順 7　最適解を求めて，要因効果をまとめる 発展

データの構造式 (7.24) から要因 B と A を考慮すると，快適性がもっとも良かったのは，表 7.10 から A_3B_2（180°C，加工 ii）です．その点推定値は

$$\frac{234+177}{3+3} + \frac{338}{4} - \frac{700}{12} = 94.67$$

となります．これに対して，最適値 A_3B_2 の一次誤差と二次誤差を考慮した実験誤差 $\hat{V}_{32}$ を以下の式 (7.25) から導き区間幅を求め，区間推定を行います.

$$\hat{V}_{32} = \frac{1}{n_{e(1)'}} V_{e(1)'} + \frac{1}{n_{e(2)'}} V_{e(2)'} \tag{7.25}$$

有効反復数の $n_{e1'}$，$n_{e2'}$ は，次の田口の公式[22),23)]を用いて求めます.

$$n_{e(1)'} = \frac{\text{全実験数}}{(\text{無視しない一次要因の自由度の和}) + 1} = \frac{12}{2+1} = 4 \tag{7.26}$$

$$n_{e(2)'} = \frac{\text{全実験数}}{(\text{無視しない二次要因の自由度の和})} = 12 \tag{7.27}$$

式 (7.25) に，$V_{e(1)'} = 622.17$，$V_{e(2)'} = 66.73$，$n_{e(1)'} = 4$，$n_{e(2)'} = 12$ を代入して $\hat{V}_{32}$ を求めると，$\hat{V}_{32} = 161.10$ となります．

最適解の 95% 区間推定は式 (7.28) から導けます．ただし，自由度 ν^* はサタースウェイト（Satterthwaite）の公式 [24] である式 (7.29)（式 (7.25) の形を参照）から求めます．

$$94.67 \pm t_{0.025}\left(\nu^*\right)\sqrt{\hat{V}_{32}} \tag{7.28}$$

$$\frac{(\hat{V}_{32})^2}{\nu^*} = \frac{\left(\dfrac{1}{n_{e(1)'}}V_{e(1)'}\right)^2}{\nu_{e(1)'}} + \frac{\left(\dfrac{1}{n_{e(2)'}}V_{e(2)'}\right)^2}{\nu_{e(2)'}} \tag{7.29}$$

式 (7.29) に，$\hat{V}_{32} = 161.10$，$V_{e(1)'} = 622.17$，$n_{e(1)'} = 4$，$V_{e(2)'} = 66.73$，$n_{e(2)'} = 12$，$\nu_{e(1)'} = 3$，$\nu_{e(2)'} = 5$ を代入して ν^* を求めると，$161.10^2/\nu^* = 155.54^2/3 + 5.56^2/5$ から $\nu^* = 3.22$ となります．

巻末の t 分布表には $\nu^* = 3.22$ がないので，$t_{0.025}(3)$ と $t_{0.025}(4)$ の数値を読み取り $t_{0.025}(3.22)$ を補間法で求めると

$$\begin{aligned} t_{0.025}(3.22) &= t_{0.025}(3) \times 0.78 + t_{0.025}(4) \times 0.22 \\ &= 3.182 \times 0.78 + 2.776 \times 0.22 = 3.095 \end{aligned}$$

となります．これより式 (7.28) を計算すると，最適解の 95% 区間推定は次のようになります．

$$94.67 \pm 3.095 \times \sqrt{161.10} = 94.67 \pm 39.28 = 55.39 \sim 133.95 \tag{7.30}$$

□

7.2.2 乱塊法

乱塊法とは，実験全体を無作為化せず，局所管理の原理に基づきブロック因子を導入し，ブロック内で無作為化を行う方法のことです．

たとえば，午前と午後の実験の場をブロック因子として，ある製品の強度を増す

表 7.13　ある製品強度の実験結果

	A_1	A_2	A_3
午前	77.0	79.0	82.0
午後	80.0	81.0	84.0
平均	78.5	80.0	83.0

ために要因 A を取り上げ，要因 A を 3 水準変化させて，強度に違いが出るかを調べます．各実験の場で実験をした結果が**表 7.13** です．

この乱塊法の実験は，要因 A と実験の場（時間）の 2 つの因子を取り上げた，繰り返しのない二元配置実験とみなせます．そして，知りたいのは要因 A の効果です．

もし実験の場を考えなければ，要因 A を取り上げた繰り返し 2 回の一元配置実験とみなせます．この場合，**表 7.14** の分散分析表が得られ，誤差 e の平均平方は $V_e = 2.83$ となり，要因 A の効果は

$$F_0 = \frac{V_A}{V_e} = \frac{10.50}{2.83} = 3.71 < F_{0.05}(2,3) = 9.55$$

で有意とはならず，要因 A の効果があるとはいえません．

表 7.14　一元配置実験の分散分析表

要因	平方和 S	自由度 ν	平均平方 V	分散比 F_0	F 境界値
A	21.00	2	10.50	3.71	9.55
e（誤差）	8.50	3	2.83		
合計	29.50	5			

ところが乱塊法では，ブロック因子として実験の場を取り上げています．そこで，2 つの因子を取り上げた繰り返しなしの二元配置実験と同じ計算を行うと，**表 7.15** の分散分析表が得られます．

表 7.15　乱塊法実験の分散分析表

要因	平方和 S	自由度 ν	平均平方 V	分散比 F_0	F 境界値
A	21.00	2	10.50	61.76	19.0
実験の場	8.17	1	8.17	48.06	18.5
e（誤差）	0.33	2	0.17		
合計	29.50	5			

誤差 e の平均平方は $V_e = 0.17$ です．一元配置で誤差と見られていたのは，実験の場の違いによるばらつきだったことがわかります．誤差が正しく把握できたこと

で，要因 A の効果は

$$F_0 = \frac{V_A}{V_e} = \frac{10.50}{0.17} = 61.76 > F_{0.05}(2, 2) = 19.0$$

と有意になり，要因 A の効果が認められました．

このように乱塊法は，局所管理の原理を用いて，実験の場の違い，作業者の違い，原料ロットの違いなどの影響を誤差のばらつきから分離することで，誤差自体のばらつきを減少させ，他の要因効果や処理効果の検出精度を向上させます．

7.3 直交配列表による一部実施法

要因が3つ以上になっても，三元配置実験，...，多元配置実験として，二元配置実験と同じように解析ができます．しかし，要因が3つで要因ごとに3水準，そして交互作用も考慮し繰り返し2回の実験を行うとすると $3^3 \times 2 = 54$ 回の実験を行わなければなりません．

実験数が増えると，その実験の環境条件も管理せねばならず，大変になります．また，3要因の交互作用といった高次の交互作用は，固有技術的に解釈するのが難しく，その大きさも誤差とみなせることがほとんどです．そこで，高次の交互作用を誤差（ノイズ）とみなし，主効果と2要因の交互作用を主に推定することを目的に，実験の大きさを大幅に縮小した直交配列表（直交表）による実験が考案されました．

本節では，まず2水準系直交配列表にて直交配列表の原理や要因の割り付け方と要因解析などを説明し，その後，3水準系直交配列表の要因解析や混合水準系直交配列表の要因解析を解説します．

7.3.1 2水準系直交配列表による実験

(1) 直交配列表の原理

直交配列表は一般的に $L_n(l^k)$ の形で表されます†．l は水準数，n は実験回数，k は列数で割り付け可能な要因数です．

† L は直交配列表の起源である**ラテン方格**（Latin square）の頭文字です．表7.16の7つの列から任意に2つの列を取り出して，各列を縦長の列ベクトルとして，水準1を $+1$，水準2を -1 として，その2つの列の各実験水準の積和をとると必ず0となります．表ではどの任意の2列を取り出しても内積の和が0となり，このとき，数学ではこの2つの列ベクトルは**直交**しているといいます．各列はたがいに直交していることから，この表を**直交配列表**とよびます．

表 7.16 $L_8(2^7)$ の直交配列表

No. ＼ 列番	[1]	[2]	[3]	[4]	[5]	[6]	[7]	実験データ
1	1	1	1	1	1	1	1	
2	1	1	1	2	2	2	2	
3	1	2	2	1	1	2	2	
4	1	2	2	2	2	1	1	
5	2	1	2	1	2	1	2	
6	2	1	2	2	1	2	1	
7	2	2	1	1	2	2	1	
8	2	2	1	2	1	1	2	
成分	a	b	ab	c	ac	bc	abc	
	1群	2群		3群				

以下では，簡単な例として，**表 7.16** の 2 水準系の直交配列表 $L_8(2^7)$ のつくり方を説明します．2 水準系のその他の直交配列表 $L_{16}(2^{15})$，$L_{32}(2^{31})$ なども原理は同じです．

直交配列表 $L_8(2^7)$ の行数は実験回数 $(n=8)$ になります．一般に，2 水準系の実験回数 n は 2 のべき乗です．列数は，割り付け可能な要因数 $(k=7)$ になります．$L_8(2^7)$ の実験で，表の 7 つの列にそれぞれ異なる要因を割り付けると，最大 7 要因まで割り付けられます．列は 1 群 $(2^0=1$ 列)，2 群 $(2^1=2$ 列)，3 群 $(2^2=4$ 列)，$\ldots$ で構成されます．$n=8$ の実験では，1 群から 3 群までを加えた 7 列になります．

同様に考えると，$n=16$ の実験は 4 群まで加えた $2^0+2^1+2^2+2^3$ の最大 15 の要因を割り付けられ，$L_{16}(2^{15})$ と表されます．

各要因の自由度は $\nu=l-1$ です．したがって，全自由度は $n-1=k$ (列数) $\times$ $(l-1)$ となり，これより，$k=(n-1)/(l-1)$ と示せます．

次に，表 7.16 の直交配列表 $L_8(2^7)$ を用いて，要因配列の原理を説明します．

各群の初めの列 [1]，[2]，[4] 列には異なる要因を割り付けます．1～3 群の初めの列にはそれぞれ要因 A～C を割り付けたとして，要因が異なる識別のために，表 7.16 の最下行に列の「成分」a，b，c が配列表示されます．**表 7.17** はその配列された成分表示を示しています．群内に 2 列以上ある群は，その群の初めの列成分とその群の前の各列に配列された成分との積（交互作用）が順に群内の以降の列に配列されます．このとき，第 3 列の ab は，第 1 列目の a と第 2 列目の b との積になっているため，それらの交互作用を表しています．

直交配列表による実験では，本節の冒頭で述べたように 3 つ以上の要因の交互作

表 7.17　$L_8(2^7)$ の直交配列表の成分表示

	[1]	[2]	[3]	[4]	[5]	[6]	[7]
成分	a	b	ab	c	ac	bc	abc
	1群	2群		3群			

用 abc, abd, acd, bcd, abcd は実験誤差とみなして，2つの要因の交互作用のみを考えます．

(2)　直交配列表への要因割り付け方

直交配列表の最下行の成分表示に基づく要因割り付け方について，以下の事例を通して理解を深めましょう．

• 成分表示の利用

事例 7.4　2水準の実験で A, B, C, D の4つの要因を取り上げ，交互作用は $A\times B$, $A\times C$ を考えます．要因をどのように割り付けるとよいでしょうか？

解答　各主要因の自由度は2水準なので $2-1=1$, 交互作用の自由度は $(2-1)\times(2-1)=1$ です．自由度の総計は4つの要因と2つの交互作用から, $4\times1+2\times1=6$ なので，L_8 の直交配列表が利用できます．

したがって，表 7.17 の成分表示に従って第1列に A，第2列に B，第4列に C を割り付けると，第3列が $A\times B$，第5列が $A\times C$ の各交互作用となります．残りの要因 D は，第6列か第7列のいずれかに割り付ければよく，残りの列は誤差項とみなします．　□

事例 7.5　2水準で5因子 A, B, C, D, F を†，交互作用は $A\times B$, $A\times C$ を取り上げます．できるだけ実験回数を少なくして要因を割り付けるにはどのようにすればよいでしょうか？

† 実験計画法では，誤差の e との混乱を避けるため要因記号には E を用いません．

解答　5つの主要因の自由度は1で，計5です．1つの交互作用の自由度は$1 \times 1 = 1$なので，2つの交互作用は計2となり，自由度の総計は7になります．したがって，7列ある表7.16の$L_8(2^7)$が利用できます．誤差項を表す列がないので，実験結果で要因効果が一番小さかった要因（列）を誤差とみなして要因解析をします．□

• 線点図の利用

実験する要因の数が多く，交互作用の存在が多い複雑な割り付けの場合には，交互作用が現れる列の検討が大変になります．そこで，**図7.7**のような**線点図**[25)]を描いて利用すると，主効果と2要因交互作用の割り付けが容易になります．

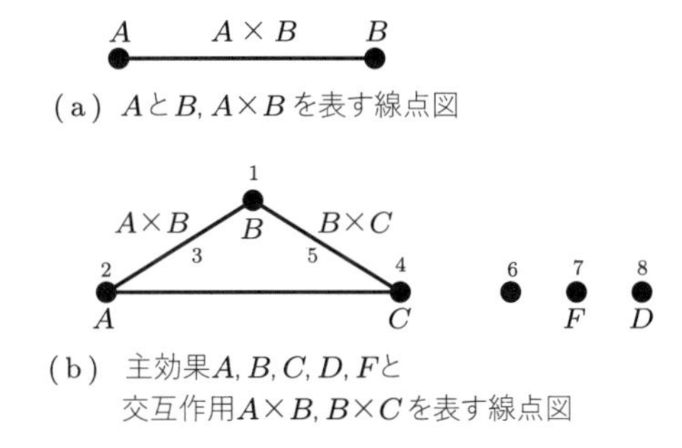

図7.7　線点図[25)]の基本

線点図では，●の点が1つの要因（主効果）を示し，その2点を結ぶ線がその2つの要因間の交互作用を表します．図7.7(a)は，2つの要因AとB，およびその交互作用$A \times B$を表しています．

たとえば，2水準の要因A, B, C, D, Fの主効果と，交互作用$A \times B$，$B \times C$の割り付け方を知りたい場合には，図7.7(b)のような線点図を描きます．「直交配列表」[25)]には，直交配列表ごとの線点図が数多く用意されているので，描いた線点図と同じパターンの線点図をその中から探し出すことで，その直交配列表での割り付け方がわかります．

事例 7.6　2水準の7要因A, B, C, D, F, G, Hの主効果と，交互作用$A \times B$，$A \times C$，$A \times G$，$B \times D$，$B \times F$の5つの効果を知りたいので，線点図を描いて直交配列表へ割り付けます．どのようにすればよいでしょうか？

解答　主効果が 7 つ，交互作用が 5 つで自由度は総計 12 となります．これより，L_8 は適用できないため，1 つ上の L_{16} となります．

線点図を描くと**図 7.8** になり，文献 25) などの直交配列表に用意されている線点図と一致するものを探します．その L_{16} の線点図上には数字が記載されているので，その数字の直交配列表の列に，各要因を割り付けます．

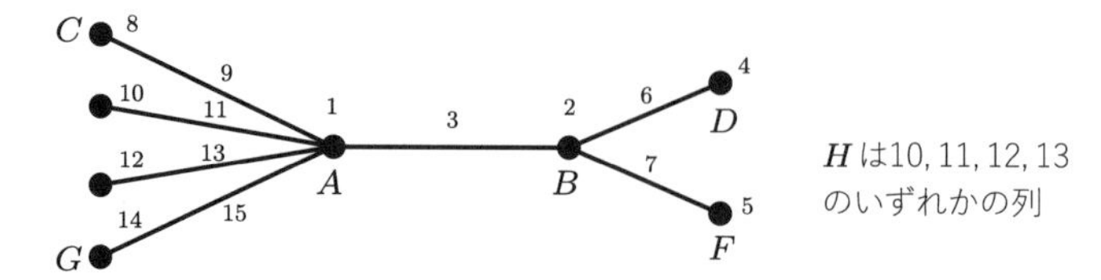

主効果 A, B, C, D, F, G, H と交互作用 $A\times B, A\times C, A\times G, B\times D, B\times F$ を表す線点図

図 7.8　要因が多い線点図 [25)]

図 7.8 から，要因 A は第 1 列に，要因 B は第 2 列に，第 3 列には $A \times B$ の交互作用を割り付けます．次に，要因 C を第 8 列に割り付けると，第 9 列が $A \times C$ の交互作用となります．同様に要因 D を第 4 列に割り付けると，第 6 列が $B \times D$ の交互作用となります．以下，要因 F を第 5 列に，要因 G を第 14 列に割り付けると交互作用 $B \times F$ は第 7 列，$A \times G$ は第 15 列になります．要因 H は残りの任意の列に割り付ければよいことになります．　□

(3)　2 水準系要因解析

直交配列表の実験計画法では，これまでの手順 1 から手順 7 の前に

　手順 0　直交配列表に各要因を割り付ける

を加えます．

以下の事例を通して，2 水準系直交配列表による要因解析を説明します．

事例 7.7　ある製品の強度を増すために，以下の 4 つの要因 A〜D の主効果と $A \times B$ の交互作用の効果を検討することにしました．

要因 A：仕入原料（メーカー α，メーカー β の 2 水準）
要因 B：加工温度（現行，現行より 10% 高めの 2 水準）
要因 C：添加剤（ア社製，イ社製の 2 水準）
要因 D：装置（機台 I，機台 II の 2 水準）

手順0に従い直交配列表 L_8 に各要因を割り付けて実験し，得た製品強度のデータが**表 7.18** の y です（数値が大きいほうが高強度）．各統計量は以下のとおりです．

表 7.18 事例 7.7 の実験データ

列番	[1]	[2]	[3]	[4]	[5]	[6]	[7]	実験結果		
要因	A	B	$A\times B$	C	D	e	e		y	y^2
1	1	1	1	1	1	1	1	A_1B_1	22	484
2	1	1	1	2	2	2	2		23	529
3	1	2	2	1	1	2	2	A_1B_2	28	784
4	1	2	2	2	2	1	1		26	676
5	2	1	2	1	2	1	2	A_2B_1	32	1024
6	2	1	2	2	1	2	1		30	900
7	2	2	1	1	2	2	1	A_2B_2	29	841
8	2	2	1	2	1	1	2		26	676
計									216	5914

データ数：$n=8$,　　データの総計：$\sum y = 216$

データの2乗和：$\sum y^2 = 22^2 + 23^2 + \cdots + 29^2 + 26^2 = 5914.0$

修正項：$CT = \dfrac{216^2}{8} = 5832.0$

総平方和：$S_T = \sum y^2 - CT = 5914.0 - 5832.0 = 82.0$

全体の自由度：$\nu_T = n - 1 = 8 - 1 = 7$

製品強度を増すことができたでしょうか？

解答

手順0　直交配列表に各要因を割り付ける

要因 A～D の主効果の自由度の合計は4，$A\times B$ の交互作用効果の自由度は1，自由度の総計は5となるので，7列ある $L_8(2^7)$ の直交配列表が利用できます．

直交配列表 $L_8(2^7)$ に示してある成分表示に従って，表 7.18 のように第1列に要因 A，第2列に要因 B，第4列に要因 C，第5列に要因 D を割り付けます．第3列は交互作用 $A\times B$ となり，第6，7列が誤差項 e となります．

手順1　実験結果から必要な補助表を作成する

表 7.18 の「1」「2」をもとに各要因（列）の各水準に対応するデータを分けて示し，各要因の各水準の計とその各水準の計の2乗（= 計^2）とを計算します．さらに各列の 計^2 の和（列和）を求め，**表 7.19** のような補助表を作成します．

表 7.19　計算補助表

列番	[1]		[2]		[3]		[4]		[5]		[6]		[7]	
要因	A		B		$A \times B$		C		D		e		e	
水準	1	2	1	2	1	2	1	2	1	2	1	2	1	2
データ	22	32	22	28	22	28	22	23	22	23	22	23	22	23
	23	30	23	26	23	26	28	26	28	26	26	28	26	28
	28	29	32	29	29	32	32	30	30	32	32	30	30	32
	26	26	30	26	26	30	29	26	26	29	26	29	29	26
計	99	117	107	109	100	116	111	105	106	110	106	110	107	109
計^2	9801	13689	11449	11881	10000	13456	12321	11025	11236	12100	11236	12100	11449	11881
列和	23490		23330		23456		23346		23336		23336		23330	

手順 2　データをグラフ化して要因効果を予測する

各要因の各水準値の平均値を**図 7.9** に示します．A と B との組合せ実験結果は，表 7.18 から読み取って組合せの平均値をプロットします．図より，要因 A の仕入原料の効果，要因 A の仕入原料と要因 B の加工温度との交互作用 $A \times B$ がありそうです．最後列の $A \times B$ の図は，表 7.18 の実験結果の列から A_1B_1 の点は $(22+23)/2 = 22.5$，A_1B_2 の点は $(28+26)/2 = 27.0 \cdots$ となります．

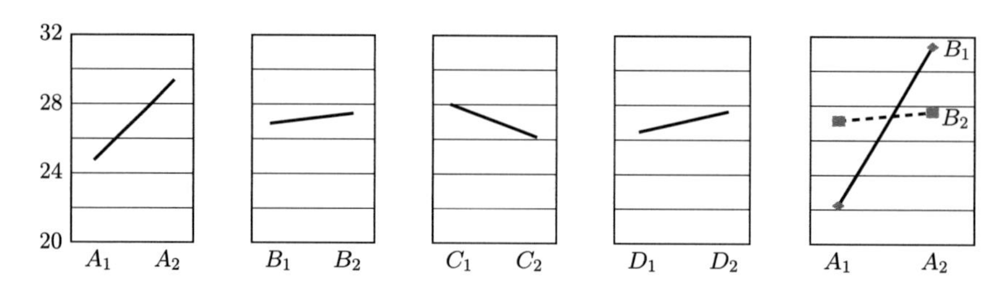

図 7.9　各要因の各水準平均値のグラフ

手順 3　データの構造を簡単な式で表す

データを y，データに対する誤差を e，総平均を μ，要因 A, B, C, D の各主効果を a, b, c, d，$A \times B$ の交互作用を (ab) とすると，データの構造式は，表 7.18 の実験データの最初（1 行目）y_1 は割り付けた各要因の水準 a_1，b_1，$(ab)_{11}$，c_1，d_1 とが対応し，2 番目（2 行目）のデータ y_2 は a_1，b_1，$(ab)_{11}$，c_2，d_2 と対応するので次のようになります．

$$
\begin{aligned}
y_1 &= \mu + a_1 + b_1 + (ab)_{11} + c_1 + d_1 + e_1 \\
y_2 &= \mu + a_1 + b_1 + (ab)_{11} + c_2 + d_2 + e_2
\end{aligned}
\tag{7.31}
$$

他の行も同様なので，以降では，直交配列表でのデータの構造式は行対応の添え字を省略し，要因対応だけにします．すると，式 (7.31) は次式のようになります．

$$y = \mu + a + b + (ab) + c + d + e \tag{7.32}$$

手順 4　仮説と有意水準を設定する

要因 $A \sim D$ は 2 水準で，その要因効果の仮説について代表として要因 A で示します．

(1) 帰無仮説 H_0：$a_1 = a_2 = 0$ (H_0 : $\sigma_A^2 = 0$)
（要因 $A \sim D$ による違いはなく，$A \sim D$ の要因効果はない）

対立仮説 H_1：少なくとも 1 つの a_i が 0 ではない (H_1 : $\sigma_A^2 > 0$)
（要因 $A \sim D$ による違いがあり，$A \sim D$ の要因効果はある）

(2) 帰無仮説 H_0 : $(ab)_{11} = (ab)_{12} = (ab)_{21} = (ab)_{22} = 0$ (H_0 : $\sigma_{A \times B}^2 = 0$)
（$A \times B$ の交互作用はない）

対立仮説 H_1 : 少なくとも 1 つの $(ab)_{ij}$ が 0 ではない (H_1 : $\sigma_{A \times B}^2 > 0$)
（$A \times B$ の交互作用は認められる）

有意水準：$\alpha = 0.05$

手順 5　要因の平方和を計算する

表 7.19 の補助表より，各要因（列）の平方和を求めます．計算の仕方は二元配置実験と同じです．

要因 A の平方和：補助表の第 1 列に割り付けた要因 A の第 1 水準の 4 つのデータの計 99 と第 2 水準の 4 つのデータの計 117 より，

$$S_A = \frac{99.0^2 + 117.0^2}{4} - CT = \frac{23490}{4} - 5832.0 = 40.5$$

同様に，

要因 $B \sim D$ の平方和：

$$S_B = \frac{23330}{4} - CT = 5832.5 - 5832.0 = 0.5$$

$$S_C = \frac{23346}{4} - CT = 5836.5 - 5832.0 = 4.5$$

$$S_D = \frac{23336}{4} - CT = 5834.0 - 5832.0 = 2.0$$

となります．

各要因 A, B, C, D の自由度：2 水準なので，$2 - 1 = 1$ より，

$\nu_A = 1,\quad \nu_B = 1,\quad \nu_C = 1,\quad \nu_D = 1$

交互作用 $A \times B$ は，補助表の第3列に対応するので，

平方和：$S_{A\times B} = \dfrac{23456}{4} - CT = 5864.0 - 5832.0 = 32.0$

自由度：$\nu_{A\times B} = 1 \times 1 = 1$

誤差 e については

平方和 S_e：$S_e = S_T - S_A - S_B - S_C - S_D - S_{A\times B}$ より，

$$S_e = 82.0 - 40.5 - 0.5 - 4.5 - 2.0 - 32.0 = 2.5$$

自由度：$\nu_e = 7 - 4 \times 1 - 1 = 2$

となります．

手順6　要因の平方和の結果を分散分析表に整理して，要因の効果を判断する

各要因の平方和の計算結果を**表7.20**に整理しました．各要因効果を検定します．巻末の F 分布表より，$F_{0.05}(1,2) = 18.5$ が得られます．

表7.20　事例7.7の分散分析表（1）

要因	平方和 S	自由度 ν	平均平方 V	分散比 F_0	平均平方の期待値 $E(V)$
A	40.5	1	40.50	32.4	$\sigma_e^2 + 4\sigma_A^2$
B	0.5	1	0.50	0.4	$\sigma_e^2 + 4\sigma_B^2$
C	4.5	1	4.50	3.6	$\sigma_e^2 + 4\sigma_C^2$
D	2.0	1	2.00	1.6	$\sigma_e^2 + 2\sigma_D^2$
$A \times B$	32.0	1	32.00	25.6	$\sigma_e^2 + 4\sigma_{A\times B}^2$
e（誤差）	2.5	2	1.25		σ_e^2
合計	82.0	7			

要因 A は，

$$F_0 = \frac{V_A}{V_e} = \frac{40.5}{1.25} = 32.4 > F_{0.05}(1.2) = 18.5 \tag{7.33}$$

より，帰無仮説が棄却されるので，A の仕入原料の効果が認められます．

要因 C は，

$$F_0 = \frac{V_C}{V_e} = \frac{4.5}{1.25} = 3.6 < F_{0.05}(1,2) = 18.5 \tag{7.34}$$

となり，帰無仮説は棄却されず，C の添加剤の効果はあるとはいえません．当然，要因 C より平方和が小さい要因 B や要因 D は有意とはならないので，B の加工温度や D の装置の違いの効果はあるとはいえません．

交互作用 $A \times B$ は,

$$F_0 = \frac{V_{A\times B}}{V_e} = \frac{32.0}{1.25} = 25.6 > F_{0.05}(1,2) = 18.5 \tag{7.35}$$

で有意となり，交互作用 $A \times B$ は認められます.

$A \times B$ の交互作用が認められたので，交互作用に関係する要因 B は残し，効果のなかった要因 C, D は誤差項 e へプールします.

これらを整理したのが**表 7.21** です．プール後の誤差 e' の $V_{e'}$ は次式の同時推定（式 (4.22) 参照）から求めています.

$$V_{e'} = \frac{S_C + S_D + S_e}{\nu_C + \nu_D + \nu_e} = \frac{4.5 + 2.0 + 2.5}{1 + 1 + 2} = 2.25 \tag{7.36}$$

再度，表 7.21 から要因の効果を検定で確認します．なお，$F_{0.05}(1,4) = 7.71$ です.

表 7.21 表 7.20 を整理した分散分析表（2）

要因	平方和 S	自由度 ν	平均平方 V	分散比 F_0	平均平方の期待値 $E(V)$
A	40.5	1	40.50	18.0	$\sigma_{e'}^2 + 4\sigma_A^2$
B	0.5	1	0.50	0.2	$\sigma_{e'}^2 + 4\sigma_B^2$
$A \times B$	32.0	1	32.00	14.2	$\sigma_{e'}^2 + 2\sigma_{A\times B}^2$
e'（誤差）	9.0	4	2.25		$\sigma_{e'}^2$
合計	82.0	7			

要因 A は,

$$F_0 = \frac{V_A}{V_{e'}} = \frac{40.5}{2.25} = 18.0 > F_{0.05}(1.4) = 7.71 \tag{7.37}$$

となり，帰無仮説が棄却されます．したがって，A の仕入原料の効果は認められます.

また，交互作用 $A \times B$ も

$$F_0 = \frac{V_{A\times B}}{V_{e'}} = 14.2 > F_{0.05}(1.4) = 7.71 \tag{7.38}$$

となり，やはり有意となるので交互作用は認められます.

以上より，データの構造式は次のようになります.

$$y = \mu + a + b + (ab) + e' \tag{7.39}$$

手順7　最適解を求めて，要因効果をまとめる

表 7.22 の二元表から強度がもっとも高くなる条件を求めると，A_2B_1 となります．

点推定値は

$$\mu(A_2B_1) = \frac{62}{2} = 31$$

となり，この推定値の 95% 区間の誤差幅は式 (7.11) と同じ式 (7.40) より求めます．

表 7.22　表 7.18 から読み取った A と B の二元表

	B_1	B_2
A_1	$22+23$ $=45$	$28+26$ $=54$
A_2	$32+30$ $=62$	$29+26$ $=55$

$$\pm t_{0.025}(\nu_{e'}) \times \sqrt{\frac{V_{e'}}{n_{e'}}} \tag{7.40}$$

$n_{e'}$ は前出の田口の公式の有効反復数で，式 (7.12) から求めます．全実験数は $n=8$，無視しない自由度の和は $\nu_A+\nu_B+\nu_{A\times B}=1+1+1=3$ と $+1$ から，$n_{e'}=8/(3+1)=2$ となります．$\nu_{e'}=4$ から，巻末の t 分布表を用いて数値を読み取ると $t_{0.025}(4)=2.776$ なので，95% 区間の誤差幅が求められ，強度の最適解の 95% 区間推定は次のようになります．

$$\begin{aligned}31.0 \pm t_{0.025}(4) \times \sqrt{\frac{2.25}{2}} &= 31.0 \pm 2.776 \times \sqrt{1.125} = 31.0 \pm 2.9\\ &= 28.1 \sim 33.9\end{aligned} \tag{7.41}$$

□

(4)　多水準法 発展

2水準系直交配列表を用いて，4水準の要因を割り付ける方法を概説します．

表 7.23 の $L_8(2^7)$ の [1] 列と [2] 列を組み合わせると，4種類の $(1,1)$，$(1,2)$，$(2,1)$，$(2,2)$ がそれぞれ2つずつ現れて4水準になりますが，2水準系直交配列表の各列の自由度は1です．4水準の要因を A とすると，その自由度は $4-1=3$ となるので，4水準を割り付けるには3列が必要です．そこで，要因 A が3つの要因 A^*，A^{**}，A^{***} からできているとみなして，[1] 列を A，[2] 列を A^{**} とすると，[3] 列は A^* と A^{**} の交互作用の A^{***} となり，要因 A に関する3列が生まれます，この3列に表 7.23 のように $A_1 \sim A_4$ の4水準を割り付ければよいのです．このような方法を**多水準法**とよびます．

4水準の要因 A を割り付けた場合の平方和 S_A の計算は，これまでと同様に，3列の平方和 $S_{A^*}+S_{A^{**}}+S_{A^{***}}=S_{[1]}+S_{[2]}+S_{[3]}$ から求めます．また，4水準の要因

表 7.23 $L_8(2^7)$ の直交配列表による多水準と擬水準法

割り付け	A^*	A^{**}	A^{***}		B	$A\times B$			データ
No. ＼ 列番	[1]	[2]	[3]		[4]	[5]	[6]	[7]	
1	1	1	1	A_1	1	1	1	1	y_1
2	1	1	1		2	2	2	2	y_2
3	1	2	2	A_2	1	1	2	2	y_3
4	1	2	2		2	2	1	1	y_4
5	2	1	2	A_3	1	2	1	2	y_5
6	2	1	1		2	1	2	1	y_6
7	2	2	1	$A_4=A_1$	1	2	2	1	y_7
8	2	2	2		2	1	1	2	y_8
成分	a	b	ab		c	ac	bc	abc	

A と他の 2 水準の要因 B との交互作用 $A\times B$ が必要な場合には，$A\times B$ の結果は $A^*\times B$，$A^{**}\times B$，$A^{***}\times B$ の 3 列に現れるので，その平方和 $S_{A\times B}$ は [5] 列目以降に現れて，$S_{A\times B}=S_{[5]}+S_{[6]}+S_{[7]}$ から求められます．

(5) 擬水準法 発展

$L_8(2^7)$ の 2 水準系直交配列表に 3 水準を割り付ける方法を概説します．

上記 (4) で 4 水準の例を示しました．その 4 水準のうちの 3 水準に A_1，A_2，A_3 を割り付け，4 水準目の A_4 に，詳しく調べたい水準（ここでは A_1 とします）を割り付けます．この $A_4=A_1$ の対応を**擬水準**とよびます．要因 A の平方和 S_A は，実験結果から

$$S_A=\frac{(y_1+y_2+y_7+y_8)^2}{4}+\frac{(y_3+y_4)^2}{2}+\frac{(y_5+y_6)^2}{2}-CT$$

として求められます．

また，3 水準の要因 A と 2 水準の要因 B との交互作用 $A\times B$ が必要な場合には，$A\times B$ の効果は，(4) と同様に表 7.23 の [5]，[6]，[7] の 3 列に現れるので，S_{AB} は，

$$S_{AB}=\frac{(y_1+y_7)^2}{2}+\frac{(y_2+y_8)^2}{2}+y_3^2+y_4^2+y_5^2+y_6^2-CT$$

と求められ，交互作用 $A\times B$ の平方和 $S_{A\times B}$ は，

$$S_{A\times B}=S_{AB}-S_A-S_B$$

から導けます．

(6) 分割実験 発展

$L_8(2^7)$ の2水準系直交配列表で，無作為化を2段階に分ける場合の分割実験の例を紹介します．

事例 7.8　あるフィルムメーカーが次世代に向けての特殊導電性フィルムを開発しています．要因 A：特殊フィルムにコーティングする方法の2水準，要因 B：仕上げ時の加工温度の2水準，要因 C：乾燥速度の2水準で，各要因を組み合わせた特殊導電性フィルムを作成し，導電率を測定して評価します．ただし，交互作用はないとします．

完全に無作為化して行う実験が困難な場合に，どのように要因を割り付ければよいでしょうか？

解答　特殊フィルムに対して，これら3つの要因を完全に無作為化して実験すると手間と費用が相当かかります．そこで，水準の切替えが一番大変な要因 A を一次要因として，特殊フィルムをまず2分して2水準のコーティングをします．その後に要因 B，要因 C を無作為に割り付けると，分割実験となります．

この実験を1回行っただけなら，一次要因 A の誤差は要因 A の効果に含まれたままで分離できません．したがって，この実験を反復します．

$L_8(2^7)$ への割り付け方は，成分を参考に**表 7.24** のように，1群の [1] 列に反復 R，2群の成分 b の [2] 列に要因 A を割り付けます．すると，要因 A の一次誤差は，[3] 列

表 7.24　直交配列表による分割実験

要因	R	A		B		C	
No. ＼ 列番	[1]	[2]	[3]	[4]	[5]	[6]	[7]
1	1	1	1	1	1	1	1
2	1	1	1	2	2	2	2
3	1	2	2	1	1	2	2
4	1	2	2	2	2	1	1
5	2	1	2	1	2	1	2
6	2	1	1	2	1	2	1
7	2	2	1	1	2	2	1
8	2	2	2	2	1	1	2
成分	a	b	ab	c	ac	bc	abc
	1群	2群		3群			

の平方和から [1] 列の平方和と [2] 列の平方和を引けば導けます．二次要因となる要因 B と C は，3 群の [4]〜[7] 列中の任意の 2 列に割り付け，それぞれの列の平方和が各要因の平方和となります．

このように，直交配列表の分割実験は，成分の群分けを参考にして要因を割り付けて実施します． □

7.3.2 3 水準系直交配列表による実験

3 水準系の直交配列表も 2 水準系の直交配列表と原理は同じです．**表 7.25** の $L_9(3^4)$ の直交配列表を用いて説明します．

表 7.25 $L_9(3^4)$ の直交配列表

No. ＼ 列番	[1]	[2]	[3]	[4]	実験データ
1	1	1	1	1	
2	1	2	2	2	
3	1	3	3	3	
4	2	1	2	3	
5	2	2	3	1	
6	2	3	1	2	
7	3	1	3	2	
8	3	2	1	3	
9	3	3	2	1	
成分	a	b	ab	ab²	

1 群 ← [1] →　2 群 ← [2]〜[4] →

[1] 列目は $3^0=1$ 群で成分 a が割り付けられます．[2] 列目からは 2 群で $3^1=3$ 個の列が設けられ，その先頭 [2] 列目に成分 b が割り付けられます．成分 b 以降の [3], [4] 列目は，前の群の成分との積の成分が示されて，ab，ab^2 の成分表示になります．

[1] 列目の成分 a に要因 A，[2] 列目の成分 b に要因 B を割り付けると，ab，ab^2 の成分表示の [3]，[4] 列目は交互作用 $A\times B$ になり，その効果は [3] 列と [4] 列の平方和となります．

$L_n(l^k)$ の規則も成り立ち，L_9 の列数 k は，$k=(9-1)/(3-1)=4$ となり，$L_9(3^4)$ の表記となります．同様に，$L_{27}(3^{13})$ も同じように構成されます．

以下の事例を通して，3 水準系の実験の要因解析の手順を説明します．

事例 7.9　スーパーの新聞折込みチラシの売上効果を測定します．期間は夏のボーナスシーズンの3週間です．要因Aはチラシの大きさ3水準（A_1: B3サイズ，A_2: B4サイズ，A_3: A3サイズ），要因Bはチラシの色使い3水準（B_1: 1色刷，B_2: 3色刷，B_3: 4色刷），要因Cはチラシの紙質3水準（C_1: 標準紙，C_2: 上質紙，C_3: 再生紙）として，L_9の直交配列表に各要因を割り付けて9種のチラシを用意しました．

新聞配達所の協力を得て，配布エリアへ無作為にチラシを配達します．9種のチラシが識別できる記号を入れた粗品引換券を用意して，レジで顧客が持参した粗品引換券と粗品とを交換し，9種のチラシごとの売上高（万円）を集計します．このような実験で得た結果が**表 7.26**のデータyです．交互作用はないとして，チラシの要因効果を解析します．

表 7.26　得られた実験結果データy

要因	A	B	e	C	データ
No.＼列番	[1]	[2]	[3]	[4]	y
1	1	1	1	1	240
2	1	2	2	2	320
3	1	3	3	3	290
4	2	1	2	3	150
5	2	2	3	1	240
6	2	3	1	2	200
7	3	1	3	2	200
8	3	2	1	3	240
9	3	3	2	1	210
計					2090
成分	a	b	ab	ab^2	

各統計量は以下のとおりです

データ総数：$n=9$,　　データの総計：$\sum y = 2090$

データの2乗和：$\sum y^2 = 240^2 + 320^2 + \cdots + 240^2 + 210^2 = 505900.00$

修正項：$CT = \dfrac{2090^2}{9} = 485344.44$

総平方和：$S_T = \sum y^2 - CT = 505900.00 - 485344.44 = 20555.56$

全体の自由度：$\nu_T = n - 1 = 9 - 1 = 8$

売上効果が高いのはどのようなチラシでしょうか？

解答

手順 0 直交配列表に各要因を割り付ける

直交配列表 $L_9(3^4)$ に示してある成分表示に従って，表 7.26 のように第 1 列に要因 A，第 2 列に要因 B を割り付けます．$A \times B$ の交互作用がないので，第 4 列に要因 C を割り付けると，第 3 列が誤差項 e となります．

手順 1 実験結果から必要な補助表を作成する

各要因（列）の各水準ごとに対応するデータを分けて示します．各要因の各水準の計とその各水準の計の 2 乗 (= 計^2) とを計算し，さらに列ごとに 計^2 の和（列和）を求め，**表 7.27** のような補助表を作成します．

表 7.27 計算補助表

要因	A			B			e			C		
水準	1	2	3	1	2	3	1	2	3	1	2	3
データ	240 320 290	150 240 200	200 240 210	240 150 200	320 240 240	290 200 210	240 200 240	320 150 210	290 240 200	240 240 210	320 200 200	290 150 240
計	850	590	650	590	800	700	680	680	730	690	720	680
計^2	722500	348110	422500	348100	640000	490000	462400	462400	532900	476100	518400	462400
列和	1493100			1478100			1457700			1456900		

手順 2 データをグラフ化して要因効果を予測する

各要因の各水準平均値を示した**図 7.10** から要因効果を予測します．チラシの大きさの要因 A とチラシの色使いの要因 B に効果がありそうです．一方，紙質の要因 C は効果がなさそうです．

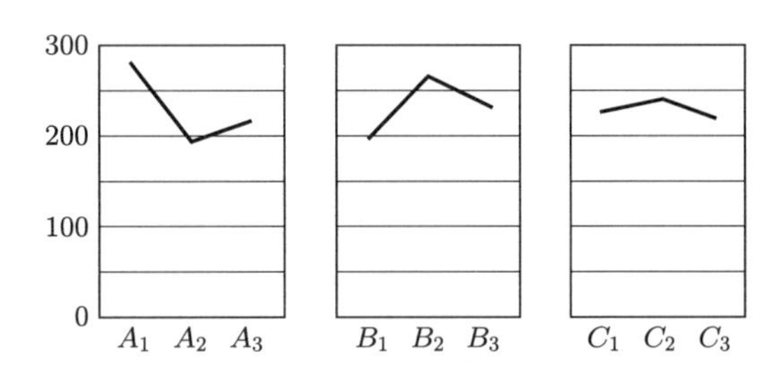

図 7.10 要因別の各水準平均値のグラフ

手順3　データの構造を簡単な式で表す

データを y，全平均を μ，要因 A の効果を a，要因 B の効果を b，要因 C の効果を c，誤差を e とすると，データの構造式は次のようになります．

$$y = \mu + a + b + c + e \tag{7.42}$$

手順4　仮説と有意水準を設定する

要因 A〜C は3水準で，その要因効果の仮説について，代表として要因 A で示します．

(1) 帰無仮説 H_0：$a_1 = a_2 = a_3 = 0$ (H_0：$\sigma_A^2 = 0$)
（要因 A〜C による違いはなく，A〜C の要因効果はない）

対立仮説 H_1：少なくとも1つの a_i が0ではない (H_1：$\sigma_A^2 > 0$)
（要因 A〜C による違いがあり，A〜C の要因効果はある）

有意水準：$\alpha = 0.05$

手順5　要因の平方和を計算する

表7.27の補助表を参考に，各要因の平方和を求めます．要因 A〜C については，

平方和：

$$S_A = \frac{850^2}{3} + \frac{590^2}{3} + \frac{650^2}{3} - CT = \frac{1493100}{3} - 485344.44 = 12355.56$$

$$S_B = \frac{1478100}{3} - CT = 492700 - 485344.44 = 7355.56$$

$$S_C = \frac{1456900}{3} - CT = 485633.33 - 485344.44 = 288.89$$

自由度：$\nu_A = 3 - 1 = 2$，$\nu_B = 3 - 1 = 2$，$\nu_C = 3 - 1 = 2$

となります．

誤差については，表7.27の要因 e の「列和」から

平方和：$S_e = 1457700/3 - CT = 485900 - 485344.44 = 555.56$

自由度：$\nu_e = \nu_T - \nu_A - \nu_B - \nu_C = (9 - 1) - 2 - 2 - 2 = 2$

と求められます†．

---

† 平方和は

$$S_e = S_T - S_A - S_B - S_C = 20555.56 - 12355.56 - 7355.56 - 288.88 = 555.56$$

からも求められます．

手順 6 要因の平方和の結果を分散分析表に整理して，要因の効果を判断する

各要因の平方和計算結果を**表 7.28** の分散分析表にまとめ，各要因を検定します（巻末の F 分布表より，$F_{0.05}(2,2) = 19.0$）.

表 7.28 分散分析表（1）

要因	平方和 S	自由度 ν	平均平方 V	分散比 F_0	平均平方の期待値 $E(V)$
A	12355.56	2	6177.78	22.2	$\sigma^2 + 3\sigma_A^2$
B	7355.56	2	3677.78	13.2	$\sigma^2 + 3\sigma_B^2$
C	288.89	2	144.45	0.5	$\sigma^2 + 3\sigma_C^2$
e（誤差）	555.56	2	277.78		σ^2
合計	20555.56	8			

要因 A は，

$$F_0 = \frac{V_A}{V_e} = \frac{6177.78}{277.78} = 22.2 > F_{0.05}(2,2) = 19.0 \tag{7.43}$$

となり，帰無仮説 H_0 は棄却されるので，チラシの大きさの効果は認められます.

要因 B は，

$$F_0 = \frac{V_B}{V_e} = \frac{3677.78}{277.78} = 13.2 < F_{0.05}(2,2) = 19.0 \tag{7.44}$$

となり，帰無仮説 H_0 は棄却されないため，チラシの色使いの効果は認められません.

要因 C は，

$$F_0 = \frac{V_C}{V_e} = \frac{144.44}{277.78} = 0.5 < F_{0.05}(2,2) = 19.0 \tag{7.45}$$

となり帰無仮説 H_0 は棄却されず，チラシの紙質の効果は認められません.

要因 B，C の効果が認められませんでしたが，これらの要因を一度に誤差にプールせずに，一番効果のなかった要因 C から順に誤差 e にプールし，新たな誤差 e' を求めて要因の効果を再び確認していきます.

同時推定法（式 (4.22) 参照）に従い，新たな誤差の平均平方 $V_{e'}$ を求めると，

$$S_{e'} = 555.56 + 288.89 = 844.45, \quad \nu_{e'} = 2 + 2 = 4$$

より，

表 7.29　要因 C をプールした分散分析表（2）

要因	平方和 S	自由度 ν	平均平方 V	分散比 F_0	平均平方の期待値 $E(V)$
A	12355.56	2	6177.78	29.3	$\sigma^2+3\sigma_A^2$
B	7355.56	2	3677.78	17.4	$\sigma^2+3\sigma_B^2$
e'（誤差）	844.45	4	211.11		σ^2
合計	20555.56	8			

$$V_{e'}=\frac{844.45}{4}=211.11$$

となり，**表 7.29** の新たな分散分析表になります．

再び各要因を検定すると，$F_{0.05}(2,4)=6.94$ より，要因 A は，

$$F_0=\frac{V_A}{V_{e'}}=\frac{6177.78}{211.11}=29.3>F_{0.05}(2,4)=6.94 \tag{7.46}$$

要因 B は

$$F_0=\frac{V_B}{V_{e'}}=\frac{3677.78}{211.11}=17.4>F_{0.05}(2,4)=6.94 \tag{7.47}$$

となり，いずれの帰無仮説 H_0 も棄却されて，要因 A も B も効果が認められます．すなわち，チラシの売上高へは，チラシの大きさ，チラシの色使いが効果的であることがわかります．

以上より，データの構造式は次のようになります．

$$y=\mu+a+b+e' \tag{7.48}$$

手順 7　最適解を求めて，要因効果をまとめる

補助表 7.27 の「計」の行から，要因 A は水準 1 の A_1：B3 サイズ，要因 B は水準 2 の B_2：3 色刷が効果があり，その際の売上高の点推定値は

$$A_1B_2=\frac{850}{3}+\frac{800}{3}-\frac{2090}{9}=318\text{（万円）}$$

となります．

この点推定値の 95% 区間の誤差幅は，前出の式 (7.40) より求めます．式 (7.40) の $n_{e'}$ は，田口の公式 (7.12) から，

$$n_{e'}=\frac{n}{\nu_A+\nu_B+1}=\frac{9}{2+2+1}=\frac{9}{5}$$

となり，誤差の自由度は $\nu_{e'}=4$，誤差は $V_{e'}=211.11$ で，巻末の t 分布表から $t_{0.025}(4)$

の値を読み取ると 2.776 となるので，これらを式 (7.40) に代入して計算すると，

$$318 \pm t_{0.025}(4) \times \sqrt{\frac{211.11}{9/5}} = 318 \pm 2.776 \times 10.830 = 318 \pm 30$$
$$= 288 \sim 348\ (\text{万円}) \qquad (7.49)$$

のように最適解の 95% 区間推定が求まります．□

7.3.3 混合水準系直交配列表による実験

本章の最後に，交互作用がない場合に，できるだけ多くの要因を割り付けられる**表 7.30** の混合系 $L_{18}(2^1 \times 3^7)$ の直交配列表の活用法を紹介します．

表 7.30　混合系 $L_{18}(2^1 \times 3^7)$ の直交配列表[26)]

No.＼列番	[1]	[2]	[3]	[4]	[5]	[6]	[7]	[8]	実験データ
1	1	1	1	1	1	1	1	1	
2	1	1	2	2	2	2	2	2	
3	1	1	3	3	3	3	3	3	
4	1	2	1	1	2	2	3	3	
5	1	2	2	2	3	3	1	1	
6	1	2	3	3	1	1	2	2	
7	1	3	1	2	1	3	2	3	
8	1	3	2	3	2	1	3	1	
9	1	3	3	1	3	2	1	2	
10	2	1	1	3	3	2	2	1	
11	2	1	2	1	1	3	3	2	
12	2	1	3	2	2	1	1	3	
13	2	2	1	2	3	1	3	2	
14	2	2	2	3	1	2	1	3	
15	2	2	3	1	2	3	2	1	
16	2	3	1	3	2	3	1	2	
17	2	3	2	1	3	1	2	3	
18	2	3	3	2	1	2	3	1	
	1群	2群	3群						

混合系 $L_{18}(2^1 \times 3^7)$ の直交配列表を用いると，表からわかるように，[1] 列は 2 水準の 1 つの要因，[2]〜[8] 列までは 3 水準の 7 つの要因の効果が確認できます．各水準の実験繰り返し数は 6 つあるので，精度のよい実験ができます．

事例 7.10 を通して，この直交配列表の使い方と要因解析の方法を説明します．

事例 7.10　働く女性のビール嗜好満足度の要因は何かを検討します．交互作用はないとし，次の6つの要因を取り上げました．A は容器の2水準 (A_1: 瓶, A_2: アルミ缶)，B は泡の程度の3水準 (B_1: 粗, B_2: 普通，B_3: 細)，C は色目の3水準 (C_1: 薄, C_2: 普通, C_3: 濃)，D はホップ量の3水準 (D_1: 少, D_2: 普通, D_3: 多)，F は味感の3水準 (F_1: コク感, F_2: 苦み感, F_3: キレ感)，G は香りの3水準 (G_1: 無, G_2: ミント, G_3: フルーティ) です．

表 7.31 のように各要因を割り付けて実験し，女性100人の嗜好満足度（10点満点）を測定しました．表の右端の列の値が実験No. ごとの満足度の平均点 y を示しています．各統計量は以下のとおりです

表 7.31　働く女性のビール嗜好満足度結果 y

要因	A	B	C	D	F	G	e	e	嗜好満足度 y
No. ＼ 列番	[1]	[2]	[3]	[4]	[5]	[6]	[7]	[8]	
1	1	1	1	1	1	1	1	1	4.6
2	1	1	2	2	2	2	2	2	3.2
3	1	1	3	3	3	3	3	3	6.2
4	1	2	1	1	2	2	3	3	3.2
5	1	2	2	2	3	3	1	1	7.2
6	1	2	3	3	1	1	2	2	7.0
7	1	3	1	2	1	3	2	3	7.3
8	1	3	2	3	2	1	3	1	4.5
9	1	3	3	1	3	2	1	2	6.6
10	2	1	1	3	3	2	2	1	5.1
11	2	1	2	1	1	3	3	2	6.0
12	2	1	3	2	2	1	1	3	2.9
13	2	2	1	2	3	1	3	2	6.2
14	2	2	2	3	1	2	1	3	7.2
15	2	2	3	1	2	3	2	1	4.2
16	2	3	1	3	2	3	1	2	3.9
17	2	3	2	1	3	1	2	3	6.6
18	2	3	3	2	1	2	3	1	7.3

データ総数：$n = 18$,　　データの総計：$\sum y = 99.20$

データの2乗和：$\sum y^2 = 4.6^2 + 3.2^2 + \cdots + 6.6^2 + 7.3^2 = 588.42$

修正項：$CT = \left(\sum y\right)^2 \Big/ n = \dfrac{99.20^2}{18} = 546.70$

総平方和：$S_T = \sum y^2 - CT = 588.42 - 546.70 = 41.72$
全体の自由度：$\nu_T = n - 1 = 18 - 1 = 17$

女性の嗜好満足度が高いのはどのようなビールでしょうか？

解答

手順 0　直交配列表に各要因を割り付ける

交互作用はないので，混合系 $L_{18}(2^1 \times 3^7)$ 直交配列表の第 1 列に 2 水準の要因 A を，要因 B〜G を第 2 列から第 6 列までを表 7.31 のように割り付けます．残りの第 7 列と第 8 列は誤差項 e となります．

手順 1　実験結果から必要な補助表を作成する

各要因（列）の各水準に対応するデータを分けて示し，各要因の各水準の計とその 2 乗 (= 計^2) とを計算します．さらに，列ごとに計^2 の和（列和）を求め，**表 7.32** のような補助表を作成します．

手順 2　データをグラフ化して要因効果を予測する

各要因の各水準の平均を折れ線グラフで示して各要因効果を考察するのですが，紙面の都合上省略します．表 7.32 の計算補助表における各要因の各水準値から，水準間のレンジが大きいのは F：味感，B：泡の程度なので，これらの要因効果はありそうだとわかります．

手順 3　データの構造を簡単な式で表す

データを y，全平均を μ，要因 A の効果を a，要因 B の効果を b，要因 C の効果を c，要因 D の効果を d，要因 F の効果を f，要因 G の効果を g，誤差を e とすると，データの構造式は，次のようになります．

$$y = \mu + a + b + c + d + f + g + e \tag{7.50}$$

手順 4　仮説と有意水準を設定する

要因 A は 2 水準なので，

(1) 帰無仮説 $H_0 : a_1 = a_2 = 0$ $(H_0 : \sigma_A^2 = 0)$
（要因 A には違いがなく，容器の効果はない）

対立仮説 H_1：少なくとも 1 つの a_l $(l = 1, 2)$ が 0 でない $(H_1 : \sigma_A^2 > 0)$
（要因 A には違いがあり，容器の効果はある）

表 7.32　計算補助表

列番	[1]		[2]			[3]			[4]		
要因	A		B			C			D		
水準	1	2	1	2	3	1	2	3	1	2	3
データ	4.6	5.1	4.6	3.2	7.3	4.6	3.2	6.2	4.6	3.2	6.2
	3.2	6.0	3.2	7.2	4.5	3.2	7.2	7.0	3.2	7.2	7.0
	6.2	2.9	6.2	7.0	6.6	7.3	4.5	6.6	6.6	7.3	4.5
	3.2	6.2	5.1	6.2	3.9	5.1	6.0	2.9	6.0	2.9	5.1
	7.2	7.2	6.0	7.2	6.6	6.2	7.2	4.2	4.2	6.2	7.2
	7.0	4.2	2.9	4.2	7.3	3.9	6.6	7.3	6.6	7.3	3.9
	7.3	3.9	—	—	—	—	—	—	—	—	—
	4.5	6.6	—	—	—	—	—	—	—	—	—
	6.6	7.3	—	—	—	—	—	—	—	—	—
計	49.8	49.4	28.0	35.0	36.2	30.3	34.7	34.2	31.2	34.1	33.9
計^2	2480.04	2440.36	784.00	1225.00	1310.44	918.09	1204.09	1169.64	973.44	1162.81	1149.21
列和	4920.40		3319.44			3291.82			3285.46		

列番	[5]			[6]			[7]			[8]		
要因	F			G			e			e		
水準	1	2	3	1	2	3	1	2	3	1	2	3
データ	4.6	3.2	6.2	4.6	3.2	6.2	4.6	3.2	6.2	4.6	3.2	6.2
	7.0	3.2	7.2	7.0	3.2	7.2	7.2	7.0	3.2	7.2	7.0	3.2
	7.3	4.5	6.6	4.5	6.6	7.3	6.6	7.3	4.5	4.5	6.6	7.3
	6.0	2.9	5.1	2.9	5.1	6.0	2.9	5.1	6.0	5.1	6.0	2.9
	7.2	4.2	6.2	6.2	7.2	4.2	7.2	4.2	6.2	4.2	6.2	7.2
	7.3	3.9	6.6	6.6	7.3	3.9	3.9	6.6	7.3	7.3	3.9	6.6
	—	—	—	—	—	—	—	—	—	—	—	—
	—	—	—	—	—	—	—	—	—	—	—	—
	—	—	—	—	—	—	—	—	—	—	—	—
計	39.4	21.9	37.9	31.8	32.6	34.8	32.4	33.4	33.4	32.9	32.9	33.4
計^2	1552.36	479.61	1436.41	1011.24	1062.76	1211.04	1049.76	1115.56	1115.56	1082.41	1082.41	1115.56
列和	3468.38			3285.04			3280.88			3280.38		

とします.

他の要因 B〜G は 3 水準なので，これらの代表として要因 B で示します.

(2) 帰無仮説 $H_0 : b_1 = b_2 = b_3 = 0$ $(H_0 : \sigma_B^2 = 0)$
（要因 B〜G には違いがなく，B〜G の要因効果はない）

対立仮説 H_1 : 少なくとも 1 つの b_m $(m = 1, 2, 3)$ が 0 でない $(H_1 : \sigma_B^2 > 0)$
（要因 B〜G には違いがあり，B〜G の要因効果はある）

有意水準：$\alpha = 0.05$

手順 5　要因の平方和を計算する

表 7.32 の計算補助表より，要因 A〜G の各平方和 S_A〜S_G を求めます.

要因 A について，

平方和：$S_A = \dfrac{4920.40}{9} - CT = 546.71 - 546.70 = 0.01$

自由度：水準数は 2 なので

$\nu_A = 2 - 1 = 1$

となります．

要因 B〜G は 3 水準なので，同様に計算すると

平方和と自由度：

$S_B = 3319.44/6 - CT = 553.24 - 546.70 = 6.54,\quad \nu_B = 3 - 1 = 2$

$S_C = 3291.82/6 - CT = 548.64 - 546.70 = 1.94,\quad \nu_C = 3 - 1 = 2$

$S_D = 3285.46/6 - CT = 547.58 - 546.70 = 0.88,\quad \nu_D = 3 - 1 = 2$

$S_F = 3468.38/6 - CT = 578.06 - 546.70 = 31.36,\quad \nu_F = 3 - 1 = 2$

$S_G = 3285.04/6 - CT = 547.51 - 546.70 = 0.81,\quad \nu_G = 3 - 1 = 2$

誤差については，

平方和：$S_e = S_T - S_A - S_B - S_C - S_D - S_F - S_G$ より，

$S_e = 41.72 - 0.01 - 6.54 - 1.94 - 0.88 - 31.36 - 0.81 = 0.18$

自由度：$\nu_e = \nu_T - \nu_A - \nu_B - \nu_C - \nu_D - \nu_F - \nu_G = 17 - 1 - 5 \times 2 = 6$

となります．

手順 6　要因の平方和の結果を分散分析表に整理して，要因の効果を判断する

各要因の平方和の計算結果を**表 7.33** の分散分析表にまとめました．各要因を検定します（巻末の F 分布表より，$F_{0.05}(1,6) = 5.99$，$F_{0.05}(2,6) = 5.14$）．

要因 A は，

表 7.33　分散分析表

要因	平方和 S	自由度 ν	平均平方 V	分散比 F_0	平均平方の期待値 $E(V)$
A：容器	0.01	1	0.01	0.33	$\sigma^2 + 9\sigma_A^2$
B：泡の程度	6.54	2	3.27	109.00	$\sigma^2 + 6\sigma_B^2$
C：色目	1.94	2	0.97	32.33	$\sigma^2 + 6\sigma_C^2$
D：ホップの量	0.88	2	0.44	14.67	$\sigma^2 + 6\sigma_D^2$
F：味感	31.36	2	15.68	522.67	$\sigma^2 + 6\sigma_F^2$
G：香り	0.81	2	0.41	13.67	$\sigma^2 + 6\sigma_G^2$
e（誤差）	0.18	6	0.03		σ^2
計	41.72	17			

$$F_0 = \frac{V_A}{V_e} = \frac{0.01}{0.03} = 0.33 < F_{0.05}(1,6) = 5.99 \tag{7.51}$$

となり，帰無仮説 H_0 は棄却されないので，要因 A の容器の効果は認められません．

要因 B〜G は，いずれの要因の平均平方和も，

$$F_0 = \frac{V_B}{V_e} = \frac{3.27}{0.03} = 109.00 > F_{0.05}(2,6) = 5.14 \tag{7.52}$$

$$F_0 = \frac{V_C}{V_e} = \frac{0.97}{0.03} = 32.33 > F_{0.05}(2,6) = 5.14 \tag{7.53}$$

$$F_0 = \frac{V_D}{V_e} = \frac{0.44}{0.03} = 14.67 > F_{0.05}(2,6) = 5.14 \tag{7.54}$$

$$F_0 = \frac{V_F}{V_e} = \frac{15.68}{0.03} = 522.67 > F_{0.05}(2,6) = 5.14 \tag{7.55}$$

$$F_0 = \frac{V_G}{V_e} = \frac{0.41}{0.03} = 13.67 > F_{0.05}(2,6) = 5.14 \tag{7.56}$$

となり，いずれも帰無仮説 H_0 が棄却されるので，B〜G の各要因は効果が認められます．分散比 F_0 値の高い順に要因効果が認められますので，その値の大きい順に要因を示すと，要因 F の味感，要因 B の泡の程度，要因 C の色目，要因 D のホップの量，要因 G の香りの順に効果があるといえます．

以上の分散分析の結果から要因 A を誤差 e にプールした誤差 e' の新しい分散分析表を作成します．ここでは表を示しませんが，新しい誤差 e' の平均平方は $V_{e'} = (0.01 + 0.18)/(6+1) = 0.03$ となります．$V_{e'}$ は前の誤差の平均平方 $V_e = 0.03$ と変わらないので，要因 B〜G の効果は認められます．したがって，データの構造式は次のようになります．

$$y = \mu + b + c + d + f + g + e' \tag{7.57}$$

手順7　最適解を求めて，要因効果をまとめる

全平均は $\mu = 99.2/18 = 5.51$ です．そして，各要因の各水準の嗜好満足度計から各水準の平均を求めたのが**表 7.34** です．

表から，最適な条件は $B_3C_2D_2F_1G_3$ となり，その点推定値を求める式を示すと次のようになります．

$$\begin{aligned}&\widehat{\mu + b_3} + \widehat{\mu + c_2} + \widehat{\mu + d_2} + \widehat{\mu + f_1} + \widehat{\mu + g_3} - 4 \times \widehat{\mu} \\ &= 6.03 + 5.78 + 5.68 + 6.57 + 5.80 - 4 \times 5.51 = 7.82 \fallingdotseq 7.8\end{aligned} \tag{7.58}$$

表 7.34　嗜好満足度に対する各要因の各水準の平均

要因	水準	嗜好満足度計	水準平均
A：容器	1：瓶	49.8	5.53
	2：アルミ缶	49.4	5.49
B：泡の程度	1：粗	28.0	4.67
	2：普通	35.0	5.83
	3：細	36.2	6.03
C：色目	1：薄	30.3	5.05
	2：普通	34.7	5.78
	3：濃	34.2	5.70
D：ホップの量	1：少	31.2	5.20
	2：普通	34.1	5.68
	3：多	33.9	5.65
F：味感	1：コク感	39.4	6.57
	2：苦み感	21.9	3.65
	3：キレ感	37.9	6.32
G：香り	1：無	31.8	5.30
	2：ミント	32.6	5.43
	3：フルーティ	34.8	5.80

この推定値の 95% 区間の誤差幅は式 (7.11) より求めます．田口の公式 (7.12) から，

$$n_{e'} = \frac{n}{\nu_B + \nu_C + \nu_D + \nu_F + \nu_G + 1} = \frac{18}{2+2+2+2+2+1} = \frac{18}{11}$$

となります．誤差 e' の自由度は $\nu_{e'} = 6 + 1 = 7$ で，その平均平方 $V_{e'}$ は既述のように

$$V_{e'} = \frac{0.01 + 0.18}{6+1} = 0.03$$

となります．これらと巻末の t 分布表の値 $t_{0.025}(7) = 2.365$ を前出の式 (7.40) に代入すると，最適解の 95% 区間推定は次のようになります．

$$\begin{aligned} 7.8 \pm t_{0.025}(7) \times \sqrt{\frac{0.03}{18/11}} &= 7.8 \pm 2.365 \times 0.135 = 7.8 \pm 0.3 \\ &= 7.5 \sim 8.1 \end{aligned} \tag{7.59}$$

□

なお，このような直交配列表による要因解析は Excel の「回帰分析」を活用することで簡単に行うこともできます．それについては 8.5 節で紹介します．

コラム5　プーリングの考え方のポイント

有意でなかった要因は必ず誤差にプール（併合）するのではなく，固有技術的に考えても効果がないとみなせる要因をプーリングの対象にします．最初の実験では有意にならなかった要因が，次の実験では有意になるかもしれません．1回だけの実験の結果から，簡単に要因効果がない，としないようにしましょう．

要因が少ない完備型の二元配置実験などでは，もともと影響があると考えられる要因だけを取り上げます．したがって，統計的に要因が有意かを見るというよりも，要因効果の大きさを見ます．F_0 値が 2.00 以下なら統計的に有意でないと判断できますが，二元配置や三元配置の実験では，要因の主効果が有意にならなくても，要因を誤差にプールしないのが一般的です．

一方，直交配列表を用いる一部実施実験では，多くの要因を取り上げて，どの要因が有意かを見るのが目的なので，有意でないと判断された要因は，主効果であっても誤差にプールすることが多いです．

7.3.4　直交配列表による一部実施法の留意点[27)]

直交配列表を用いる実験は，効率のよい実験法です．ただし，再現性や精度に問題がある場合があります．ここでは，一部実施法を進める場合の注意事項をまとめておきます．

(1) 要因配置型実験と同様に，直交配列表を活用する場合も実験の順番は無作為化して行います．また水準の組合せを間違えたりすると直交性が崩れ，最適解が得られません．正しく実験するように注意を払いましょう．

(2) L_8, L_9 などの少ない実験回数では誤差の自由度は小さく，検定の検出力や結果の再現性に多少問題が残ります．本書では，原理をわかりやすく解説するために L_8, L_9 などを用いましたが，実際の実験では，できるだけ L_{16} 程度の実験回数で行うように心掛けましょう．

(3) 直交配列表には多くの要因を割り付けられるので，関係者とどの要因が特性に影響を与えるかをよく検討して，気になる要因を取り上げましょう．解析結果から，気になった要因が重要かそうでないかがわかるので，「効いていない要因（列）は誤差にする」という楽な気持ちで，直交配列表の列には要因を目いっぱい割り付けます．5つ以上の要因を割り付けたいときには，混合水準系の直交配列表 $L_{18}(2^1 \times 3^7)$ が便利です（7.3.3 項）．

(4) 水準組合せのすべての実験ができなければいけません．無理な水準設定で実験ができずデータが得られないことがないように，計画の段階で，固有技術の立場から水準設定を検討しましょう．

(5) 実験結果の予想を事前にしておきましょう．主効果ならどの要因のどの水準が期待する特性に近付くか，交互作用はどの要因の組合せに発生するかなどを予想して実験を計画し，予想した根拠はメモで残します．実験結果を解析・考察する際に，そのメモと比べて考察しましょう．

(6) 事前の予想と得られた解析結果とを対比したときに，予想と一致したのなら，その根拠が検証できたことになります．予想に反した場合には，新たな情報を得たことになります．予想と実験結果とを丁寧に論理的に考察することが，次のステップに繋がります．

(7) 期待した要因効果が得られなかったときには，水準の選び方に原因があったかもしれません．水準間の幅設定が妥当だったかを見直します．思いがけない要因間の交互作用が有意になったときは，水準の組合せが固有技術的に妥当であったかを確認します．

(8) 効いていないと予想した要因が効いていなかったら，気楽に誤差にプールしましょう．しかし，それまでの知見と異なる場合については十分な考察が必要で，追加の実験で検討を加えましょう．

(9) 要因の効果の再検証には，要因配置型の 3 水準以上の二ないし三元配置実験を計画して，詳細に確認を進める実験を行いましょう．

(10) 最初からあまり難しく考えずに，直交配列表のありがたさを享受して活用しましょう．経験を積み重ねることで，直交配列表を用いた実験が上手に使いこなせるようになります．

本章のまとめ

実験結果から各要因の平方和を求める手順をしっかりと身に付けましょう．

実験を進める際には 7.3.4 項の留意点を参考にします．1 回の実験だけでは要因効果を決定できないので，知りたい各要因の水準を適用範囲に合わせて設定するようにしましょう．

回帰分析

現場で得られるデータで多いのは，製品の売上高 (y) に対するその製品の複数の特徴要因 (x) や，製品品質特性 (y) に対するその複数の製造プロセス要因 (x) のような対応するデータです．このような対応するデータを分析する代表的な手法が回帰分析（regression analysis）です．

回帰分析について，**図 8.1** に従って解説します．まず，対応する 2 変数 x, y の間に直線的な関係があるかを視覚的に調べる**散布図**（scatter diagram）を説明します．散布図で直線的な関係が認められたら，その関係の度合いを定量的に測る**相関係数**（coefficient of correlation）を，そして変数 y を**目的変数**，変数 x を**説明変数**にした関係式を導く**単回帰分析**（simple regression analysis）を説明します．説明変数が複数ある場合の関係式を導く**重回帰分析**（multiple regression analysis）についても紹介します．

本章で扱う回帰分析に関する事例の概要を下記にまとめます．

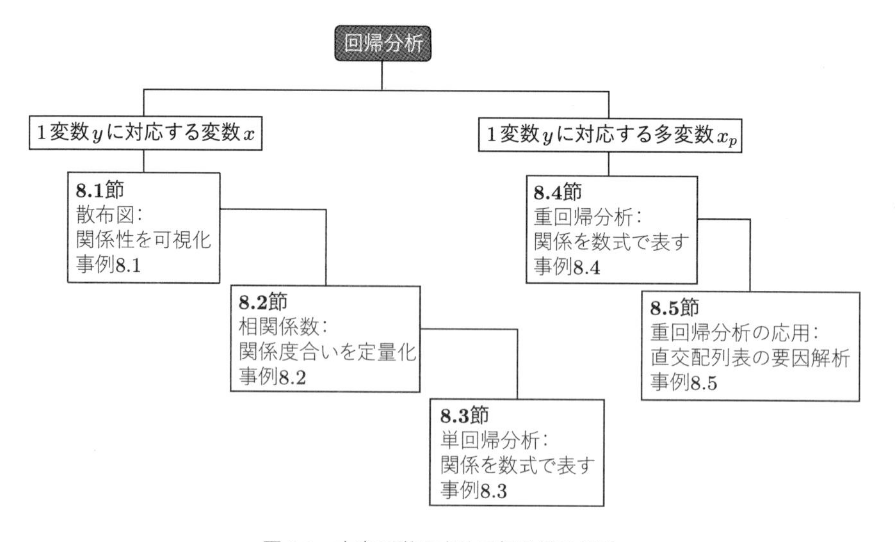

図 8.1　本書で説明する回帰分析の体系

事例 8.1：営業成績評価点と研修時のテスト評点とは関係があるか？
── 散布図

事例 8.2：事例 8.1 において，両者の関係度合いは？
── 相関係数

事例 8.3：両親の身長と子供の成人時の身長との関係式は？
── 単回帰分析

事例 8.4：土地の広さや家の広さ，築年数などのさまざまな要因と，中古不動産価格との関係は？
── 多変数による重回帰分析（Excel の分析ツールの利用）

事例 8.5：働く女性のビール嗜好満足度（事例 7.10）の要因は？
── 重回帰分析（Excel の分析ツールの利用）と直交配列表とによる結果との比較

8.1 散布図

2 つの対応する要因の定量データ (x_i, y_i) を平面上にプロットしたものが**散布図**です．その散らばり状況から，要因間に直線的な関係があるかを判断します．

事例 8.1　セールススタッフ 11 人の営業成績評価点 y と，1 年前の研修時のテスト評点 x を表 8.1 に示します．x と y には関係があるでしょうか？

表 8.1　対応あるデータ（いずれも 10 点満点）

スタッフ No.	研修時テスト x	営業成績 y
1	10	9
2	7	7
3	8	7
4	5	6
5	6	8
6	7	6
7	8	7
8	6	7
9	7	8
10	4	5
11	9	8
計	77	78

解答　変数 x（研修時のテスト評点）を横軸，変量 y（営業成績評価点）を縦軸にした平面上の座標に，個体（スタッフ）をプロットすると**図 8.2** のようになります．

この図を**散布図**とよび，その散らばり具合から，変数間に直線的な関係があるかを見ます．図を見ると，研修時のテスト評点と営業成績評価点には直線的な関係がありそうです．

□

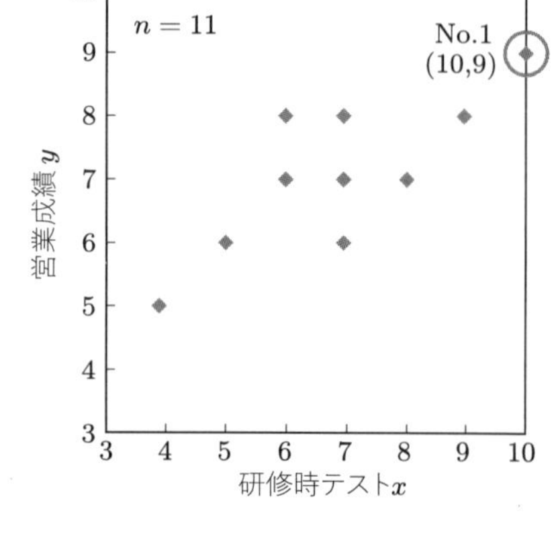

図 8.2　表 8.1 の散布図

このように，散布図は変数間にどのような関係がありそうかを直感的に確かめるのに役立ちます．たとえば，製品の圧縮強度 y と加工時の温度 x とに直線的な関係が認められると，加工時の温度 x を最適な条件にして，製品の圧縮強度 y を改善することなどができます．

8.2 相関係数

散布図から直線的な関係が認められると，その関係の度合いを**相関係数** r という統計量で表すことができます．相関係数 r は次式で定義されます．

$$r = \frac{S_{xy}}{\sqrt{S_{xx}}\sqrt{S_{yy}}} = \frac{\sum(x_i - \overline{x})(y_i - \overline{y})}{\sqrt{\sum(x_i - \overline{x})^2}\sqrt{\sum(y_i - \overline{y})^2}} \tag{8.1}$$

S_{xx} は x の偏差平方和，S_{yy} は y の偏差平方和，S_{xy} は x と y の共偏差平方和です．具体的には，式 (8.2) を用いて計算します．

$$r = \frac{S_{xy}}{\sqrt{S_{xx}}\sqrt{S_{yy}}} = \frac{\sum x_i y_i - (\sum x_i)(\sum y_i)/n}{\sqrt{\sum x_i^2 - \left(\sum x_i\right)^2/n}\sqrt{\sum y_i^2 - \left(\sum y_i\right)^2/n}} \tag{8.2}$$

相関係数 r の値は，$-1 \leq r \leq 1$ の範囲で動きます．相関係数 r と散布図とから相関関係の程度を判断すると，データ数 $n = 20$ 程度では，おおよその**図 8.3** のようになります．

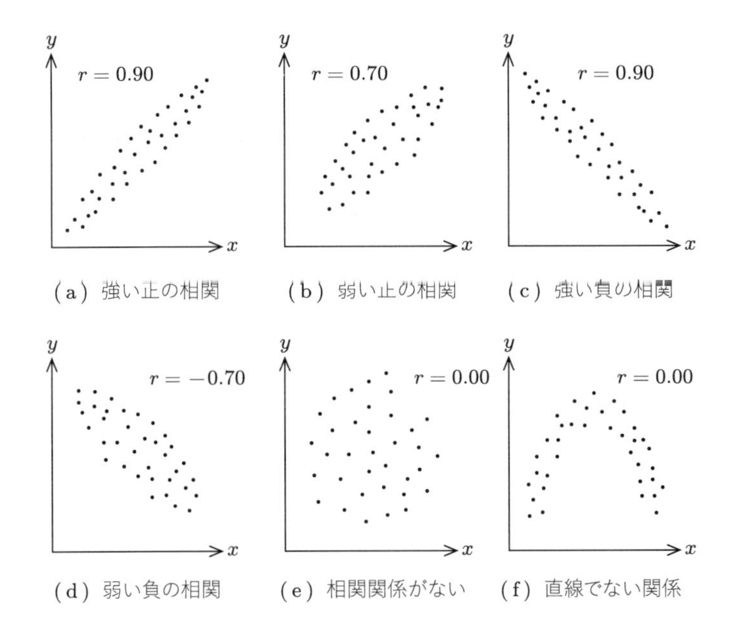

図 8.3 相関係数 r と散布図による相関関係の判断

なお，統計量はデータ数 n に依存するので，データから散布図を描いて相関係数 r を示す場合には，必ず n を示しましょう．（たとえば，$n \geq 100$ で $r = 0.40$ あれば相関があると判断できます）．

事例 8.2 事例 8.1 のセールススタッフの営業成績評価点 y と，1 年前の研修時のテスト評点 x との相関係数を求めます．**表 8.2** にデータを再掲します．

各統計量は以下のとおりです．

表 8.2 対応あるデータ（いずれも 10 点満点）

スタッフ No.	研修時テスト x	営業成績 y	x^2	y^2	xy
1	10	9	100	81	90
2	7	7	49	49	49
3	8	7	64	49	56
4	5	6	25	36	30
5	6	8	36	64	48
6	7	6	49	36	42
7	8	7	64	49	56
8	6	7	36	49	42
9	7	8	49	64	56
10	4	5	16	25	20
11	9	8	81	64	72
計	77	78	569	566	561

データ数：$n = 11$

データの総計：$\sum_{i=1}^{n} x_i = 77, \quad \sum_{i=1}^{n} y_i = 78$

2 乗和と積和：$\sum_{i=1}^{n} x_i^2 = 569, \quad \sum_{i=1}^{n} y_i^2 = 566, \quad \sum_{i=1}^{n} x_i y_i = 561$

偏差平方和：$S_{xx} = \sum_{i=1}^{n} x_i^2 - \frac{\left(\sum_{i=1}^{n} x_i\right)^2}{n} = 569 - \frac{77^2}{11} = 30.00$

$$S_{yy} = \sum_{i=1}^{n} y_i^2 - \frac{\left(\sum_{i=1}^{n} y_i\right)^2}{n} = 566 - \frac{78^2}{11} = 12.91$$

共偏差平方和：$S_{xy} = \sum_{i=1}^{n} x_i y_i - \frac{\left(\sum_{i=1}^{n} x_i\right)\left(\sum_{i=1}^{n} y_i\right)}{n} = 561 - \frac{77 \times 78}{11} = 15.00$

解答　式 (8.2) を用いて，各統計量から相関係数 r を計算します．

$$r = \frac{S_{xy}}{\sqrt{S_{xx}}\sqrt{S_{yy}}} = \frac{15.00}{\sqrt{30.00 \times 12.91}} = 0.762 \tag{8.3}$$

これより，正の相関があることがわかり，研修時のテスト評点 x が高かったスタッフは，1 年後の営業成績評価点 y が高い傾向が認められます．　□

しかし，相関係数 r の値が高いからといって，常に 2 つの変数には相関があると考えることはせず，必ず固有技術の立場から因果関係を確認します．実際は相関関係がないのに，あたかも相関があるかのように見える場合があります．このことを**偽相関**とよびます．

偽相関の例としては，**図 8.4** で示すような「足の遅い（50 m 走のタイムが遅い）人は，年収が高い」[28] というものがあります．これには第 3 の要因（変数）の「年齢」が関与しています．すなわち，「年齢」が高くなると足が遅くなり，年収も高くなるので，「足の遅い人は年収も高い」という関係が現れるのです．

詳細は省略しますが，50 m 走のタイムも年収も年齢の影響を除いた変数に変換すると，50 m 走のタイムと年収との相関はなくなります．第 3 の要因が「年齢」であるほかの偽相関の例には「血圧が高い人は給料が高い」などがあります．

また，第 3 の要因が「気温」である例としては，「プールでの事故死が多いとアイスクリームの売上が増える」「水難事故が多いとビールの売上が増える」などがあり

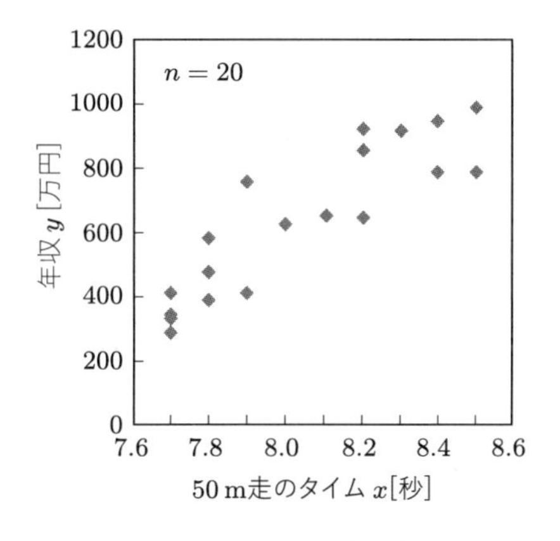

図 8.4 偽相関の例 [28)]

ます.「気温」が上がるといずれも増える関係であり，示した2つの要因には何も因果関係はありません.

コラム6 相関係数の考え方

相関係数の基礎概念は,「回帰直線」を提唱したF. ゴールトン (1822–1911) が思いついたのですが，定式化したのはK. ピアソン (1857–1936) です．ピアソンはガウスの2次元正規分布という大変難しい理論を前提に，この相関係数を定式化して**ピアソンの積率相関係数** r としました.

相関係数の考え方のポイントは，式 (8.1) の分子 S_{xy} にあります．**図 8.5** の領域 I，III にデータ (x_i, y_i) があれば $(x_i - \overline{x})(y_i - \overline{y}) > 0$ で，領域 II，IVにあれば $(x_i - \overline{x})(y_i - \overline{y}) < 0$

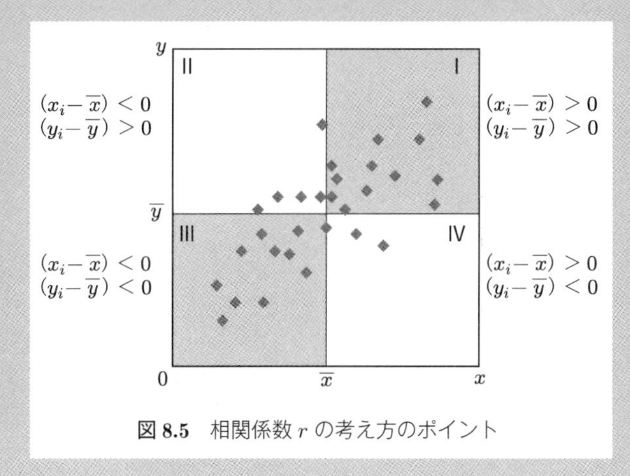

図 8.5 相関係数 r の考え方のポイント

となります．

したがって，対のデータが灰色の部分に多くあれば S_{xy} の値は正の値で大きくなり，相関係数 r は正で大きくなります．そうでなければ S_{xy} は負の値として大きくなり，相関係数 r は負で大きくなります．

そして，対のデータにおいて，y_i の値が x_i と正に比例する関係を $y_i = kx_i + \alpha$ とおくと，

$$S_{yy} = \sum(y_i - \overline{y})^2 = \sum\left\{(kx_i + \alpha) - (k\overline{x} + \alpha)\right\}^2 = k^2\sum(x_i - \overline{x})^2 = k^2 S_{xx}$$

となり，また $S_{xy} = kS_{xx}$ となります．これらを式 (8.1) に代入すると，相関係数 r の値は1となります．

一方，y_i の値が負に比例する関係で $y_i = -kx_i + \alpha$ とおくと，$S_{yy} = k^2S_{xx}$，$S_{xy} = -kS_{xx}$ となり，これらを式 (8.1) に代入すると，相関係数 r は -1 となります．相関がまったくないときは $r = 0$ なので，これより，相関係数 r の値は，$-1 \leq r \leq 1$ の範囲で動くことがわかります．

8.3 単回帰分析

散布図において直線的な関係が認められたら，次はその直線を表す数式を求めてみましょう．求めた数式を使えば，データが得られていない説明変数 x に対する目的変数 y の値を予測できます．

単回帰分析で適用されるデータ形式は，一般に**表 8.3** のようになります．

表 8.3　単回帰分析のデータ形式

No.	説明変数 x	目的変数 y
1	x_1	y_1
2	x_2	y_2
⋮	⋮	⋮
i	x_i	y_i
⋮	⋮	⋮
n	x_n	y_n
平均	$\overline{x}$	$\overline{y}$

単回帰分析では，直線のデータの構造式（**回帰モデル**）として式 (8.4) をおきます．

$$y_i = \beta_0 + \beta_1 x_i + \varepsilon_i \quad（\beta_0,\ \beta_1 \text{ は未知母数，} \varepsilon_i \text{ は誤差）} \tag{8.4}$$

- 誤差 ε_i の 4 つの要件（後述の 8.3.4 項参照）

  ①独立性：ε_i と ε_j とは独立　②不偏性：ε_i の平均は 0

  ③等分散性：ε_i の分散はすべて等しい　④正規性：ε_i は正規分布に従う

8.3.1 最小 2 乗法による推定

何らかの β_0，β_1 の推定値 b_0, b_1 が得られたとすると，$x = x_i$（No. i の説明変数の値）の予測値が次式のように得られます．

$$\hat{y}_i = b_0 + b_1 x_i \tag{8.5}$$

この $\hat{y}_i$ は No. i のデータ y_i とは必ずしも一致しませんが，b_0, b_1 がよい推定値なら，次式の残差 e_i

$$e_i = y_i - \hat{y}_i = y_i - (b_0 + b_1 x_i) \tag{8.6}$$

は小さな値となります．

そこで，e_i を 2 乗してすべてのデータについて加えた残差平方和を

$$S_e = \sum_{i=1}^{n} e_i^2 = \sum_{i=1}^{n} \left\{ y_i - (b_0 + b_1 x_i) \right\}^2 \tag{8.7}$$

とおき，この S_e を最小にする b_0, b_1 の値を導きます．そして，それを単回帰直線の y 切片の b_0 と傾き b_1 の推定値とすると，精度のよい予測式が得られます．この方法は 2 乗和を最小にすることから，**最小 2 乗法**（method of least squares）とよばれます．

結果として，単回帰直線の**回帰係数**（regression coefficient）b_1 と b_0 の値は次の公式で与えられます．

$$b_1 = \frac{S_{xy}}{S_{xx}}, \quad b_0 = \overline{y} - b_1 \overline{x} \tag{8.8}$$

以下の事例を通して，具体的に単回帰直線を求めてみましょう．

事例 8.3

表 8.4 は，両親の身長 {(父親の身長 + 母親の身長 × 1.08)/2} x [cm] と成人したその子の身長 y [cm] との対応関係を示したデータです．散布図を描き，単回帰直線を求めます．

各統計量は以下のとおりです．

データ数：$n = 15$

データの平均：$\overline{x} = \dfrac{\sum x_i}{n} = \dfrac{2552.6}{15} = 170.17$，$\overline{y} = \dfrac{\sum y_i}{n} = \dfrac{2579.4}{15} = 171.96$

2乗和と積和：$\sum x_i^2 = 435056.08$，$\sum y_i^2 = 443865.76$，$\sum x_i y_i = 439297.25$

偏差平方和と共偏差平方和：

$$S_{xx} = \sum x_i^2 - \frac{(\sum x_i)^2}{n} = 435056.08 - \frac{2552.6^2}{15} = 671.63$$

$$S_{yy} = \sum y_i^2 - \frac{(\sum y_i)^2}{n} = 443865.76 - \frac{2579.4^2}{15} = 312.14$$

$$S_{xy} = \sum x_i y_i - \frac{(\sum x_i)(\sum y_i)}{n} = 439297.25 - \frac{2552.6 \times 2579.4}{15}$$
$$= 352.15$$

表 8.4　両親の身長 x とその子の身長 y との関係

No.	x：両親の身長	y：子の身長	x^2	y^2	xy
1	172.1	177.0	29618.41	31329.00	30461.70
2	180.5	176.3	32580.25	31081.69	31822.15
3	169.1	175.0	38594.81	30625.00	29592.50
4	170.8	168.5	29172.64	28392.25	28779.80
5	160.0	166.3	25600.00	27655.69	26608.00
6	163.2	170.5	26634.24	29070.25	27825.60
7	175.5	170.0	30800.25	28900.00	29835.00
8	165.6	173.9	27423.36	30241.21	28797.84
9	174.6	172.7	30485.16	29825.29	30153.42
10	169.3	171.3	28662.49	29343.69	29001.09
11	185.0	183.0	34225.00	33489.00	33855.00
12	169.1	167.4	28594.81	28022.76	28307.34
13	166.4	171.0	27688.96	29241.00	28454.40
14	171.3	172.3	29343.69	29687.29	29514.99
15	160.1	164.2	25632.01	26961.64	26288.42
計	2552.6	2579.4	435056.08	443865.76	439297.25

解答　表 8.4 のデータをもとに描いた散布図が**図 8.6** です．

公式 (8.8) より，単回帰直線の傾き b_1 と y 切片 b_0 は次のように求まります．

$$b_1 = \frac{S_{xy}}{S_{xx}} = \frac{352.15}{671.63} = 0.524$$
$$b_0 = \overline{y} - b_1\overline{x} = 171.96 - 0.524 \times 170.17 = 82.791 \tag{8.9}$$

したがって，単回帰直線は次のようになります．

$$\hat{y}_i = 82.791 + 0.524x_i \tag{8.10}$$

この式 (8.10) を使えば，親の身長 x_i から，生まれた子供がどれだけの身長 $\hat{y}_i$ になるのかが予測可能です．

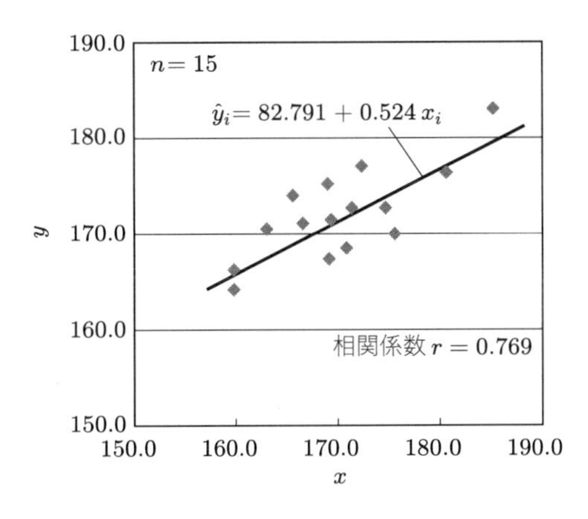

図 8.6　親子の身長の散布図

なお，相関係数 r は次のようになります．

$$r = \frac{S_{xy}}{\sqrt{S_{xx}}\sqrt{S_{yy}}} = \frac{352.15}{\sqrt{671.63 \times 312.14}} = \frac{352.15}{457.87} = 0.769 \tag{8.11}$$

□

コラム 7　回帰という言葉の誕生 [29),30)]

回帰直線を誕生させた F. ゴールトンは，1822 年に英国のバーミンガムの名門資産家の家庭で生まれました．彼のいとこには，進化論で有名な C.R. ダーウィン (1809–1882) がいました．ダーウィンが，1859 年に「生物は，突然変異と自然淘汰によって進化してきた」という内容の書物「種の起源」を出版し，ゴールトンに献本します．ゴールトンはこの書物を読み，感動して，書物の内容を統計学で証明してみようと思いました．以降，ゴールトンは生物統計学の世界にのめり込み，統計学を研究し続け，後に偉大な統計学者となったのです．

その研究の一環で，ゴールトンは，親の身長から子供の身長を予測するために，ロンドンで 928 人の子供とその親子の身長を測定します．得られたデータの検討を重ねた結果，親子の身長の関係を示す直線式を導出します．そして，1885 年に，彼は「全体の傾向としては，当然，身長の高い親からは身長の高い子供が生まれ，低い親からは低い子供が生まれる．しかし，身長がとても高い親からは，親よりも高い子供は生まれず，やや低い子供が生まれる．逆に，とても低い親からはやや高い子供が生まれる」ことを見出します．すなわち，彼の説は，「背の高い親からはもっと背の高い子供が次々と生まれるのなら，世代を重ねていくと，とてつもなく背の高い人や背の低い人が現れ，ヒトという種を維持できなくなるが，現実にはそのようなことにはなっておらず，極端な遺伝形質も次世代には平均的な方向に近付く」というものでした．

ゴールトンは，この現象を平均や先祖への**回帰**（regression）と名付け，この直線式を**回帰直線**としたのです．

8.3.2 回帰係数（b_1 と b_0）の導出 発展

式 (8.7) の S_e を最小にする b_0 と b_1 を求めるには，S_e を b_0 と b_1 で偏微分して 0 とおき，その方程式を解きます．

$$\frac{\partial S_e}{\partial b_0} = -2\sum_{i=1}^{n}(y_i - b_0 - b_1 x_i) = 0 \qquad \Rightarrow \qquad b_0 n + b_1 \sum x_i = \sum y_i \tag{8.12}$$

$$\frac{\partial S_e}{\partial b_1} = -2\sum_{i=1}^{n}x_i(y_i - b_0 - b_1 x_i) = 0 \qquad \Rightarrow \qquad b_0 \sum x_i + b_1 \sum x_i^2 = \sum x_i y_i \tag{8.13}$$

そして，b_0 と b_1 に関する式 (8.12) と式 (8.13) の連立方程式を解くと，

$$b_1\left\{\sum x_i^2 - \frac{\left(\sum x_i\right)^2}{n}\right\} = \sum x_i y_i - \frac{\left(\sum x_i\right)\left(\sum y_i\right)}{n}$$

$$b_0 = \frac{\sum y_i}{n} - b_1\frac{\sum x_i}{n} \tag{8.14}$$

となり，公式 (8.8) の $b_1 = S_{xy}/S_{xx}$，$b_0 = \overline{y} - b_1\overline{x}$ が求められます．

または，式 (8.7) が b_1 と b_0 の 2 次式であることを用いて変形すると，次式のようになります．

$$S_e = S_{xx}\left(b_1 - \frac{S_{xy}}{S_{xx}}\right)^2 + n(b_1\overline{x} + b_0 - \overline{y})^2 + S_{yy} - \frac{(S_{xy})^2}{S_{xx}} \tag{8.15}$$

この式の 2 乗の項を 0 とおくと公式 (8.8) が得られ，S_e の最小値は次のようになります．

$$S_e \text{の最小値} = S_{yy} - \frac{(S_{xy})^2}{S_{xx}} \tag{8.16}$$

8.3.3 決定係数 発展

公式 (8.8) より求めた回帰係数を用いると，S_e の最小値は式 (8.16) となりました．それを変形して S_{yy} で示すと，次式のようになります．

$$\begin{aligned} S_{yy} &= \frac{(S_{xy})^2}{S_{xx}} + S_e = \left(\frac{S_{xy}}{S_{xx}}\right)^2 S_{xx} + S_e = b_1^2 \sum (x_i - \overline{x})^2 + S_e \\ &= \sum \left\{(b_0 + b_1 x_i) - (b_0 + b_1\overline{x})\right\}^2 + S_e = \sum (\hat{y}_i - \overline{y})^2 + S_e \\ &= S_R + S_e \end{aligned} \tag{8.17}$$

これより，上式は次のように示せます．

$$\text{全体の平方和 } S_{yy} = \text{単回帰直線による平方和 } S_R + \text{残差平方和 } S_e \tag{8.18}$$

すなわち，データのもつ全体の情報 S_{yy} は，単回帰直線式で表すことができた情報 S_R と単回帰直線式で表せなかった情報（残差平方和 S_e）との和となり，この残差平方和 S_e が小さいほど単回帰直線式の予測がよく当てはまります．

そこで，式 (8.17) の両辺を S_{yy} で割り変形すると，次式のようになります．

$$\frac{S_{yy}}{S_{yy}} = \frac{(S_{xy})^2}{S_{xx}S_{yy}} + \frac{S_e}{S_{yy}} \quad \Rightarrow \quad R^2 = \frac{(S_{xy})^2}{S_{xx}S_{yy}} = 1 - \frac{S_e}{S_{yy}} \tag{8.19}$$

この $(S_{xy})^2/S_{xx}S_{yy}$ は，単回帰直線がどのくらい当てはまるかを示す指標である**寄与率**であり，**決定係数** R^2 として定義されます．$(S_{xy})^2/S_{xx}S_{yy}$ は，相関係数 r の平方を表しているので，決定係数 R^2 は相関係数 r の平方 r^2 となります．R^2 値は，残差平方和 S_e が小さいほど 1 に近くなります．

8.3.4 回帰診断 発展

残差平方和 $S_e = \sum e_i^2$ が最小という基準で単回帰直線を導きましたが，その直線が統計的に妥当と判断するには，**回帰モデル** (8.4) の誤差 ε_i が 4 つの要件，①独立性，②不偏性，③等分散性，④正規性を満たすことが必要です．ところで，n サンプルからなるデータから導いた単回帰直線を $\hat{y}_i = b_0 + b_1 x_i$ とすると，**図 8.7** からわかるように，各 y_i の値は単回帰直線上の値 $\hat{y}_i$ と残差 e_i を用いて次式で表され，残差 e_i $(= y_i - \hat{y}_i)$ は誤差 ε_i に相当とするとみなせます．

$$y_i = b_0 + b_1 x_i + e_i = \hat{y}_i + e_i \tag{8.20}$$

そこで，誤差 ε_i の代わりにデータからの残差 e_i を用いて①〜④の要件を満たすかどうかを診断します．このことを**回帰診断**（regression diagnostics）といいます．すなわち，順に

①独立性：n サンプルの個々の残差 $e_1, e_2, \ldots, e_n$ はたがいに独立である
②不偏性：残差 e_i の期待値は $E(e_i) = 0$ である
③等分散性：残差 e_i の分散はすべて等しい
④正規性：残差 e_i は正規分布する

を確かめることになります．

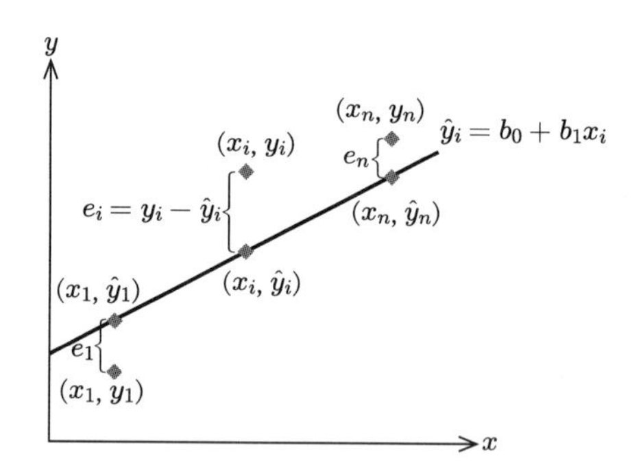

図 8.7　データと単回帰直線との関係

① 独立性：**ダービン・ワトソン統計量**[31] の値から判断します．詳細は省略しますが，ダービンとワトソンが作成した表 (d_L, d_U) との比較検定です．一般には $0 < d < 4$ で，d が 2 に近い値をとると $e_1, e_2, \ldots, e_n$ が独立であるとみなされます（d が 2 に近ければよい）．d が 0 に近ければ e_i と e_{i+1} に正の系列相関があり，d が 4 に近

ければ負の系列相関があるとされます．事例 8.3 の式 (8.10) でのダービン・ワトソン統計量を求めると 3.022 となるので，$e_1, e_2, \ldots, e_n$ はほぼ独立とみなせます．

② 不偏性：偏りがないようにデータを採取してあるかを確かめます．事例 8.3 のデータは偏らないように採取しました．

③ 等分散性：横軸に説明変数のデータを並べ，縦軸に残差 e_i の値をプロットします．そして，説明変数のデータに対して残差 e_i が均等に並んでいるかを調べます．事例 8.3 で導いた式 (8.10) の単回帰直線 $\hat{y}_i = 82.791 + 0.524x_i$ の残差グラフは**図 8.8** のようになり，ほぼ均等に並んでいるので等分散とみなせます．

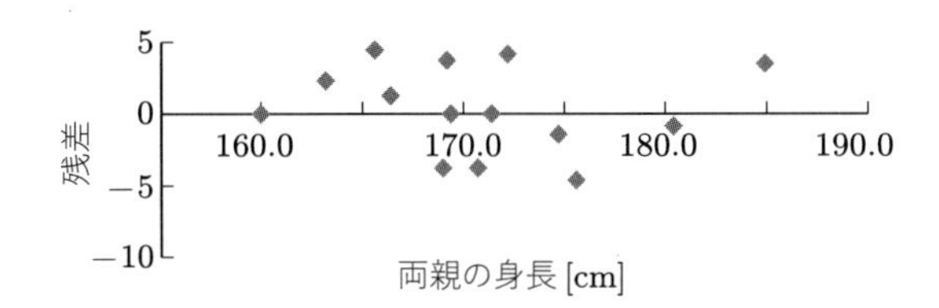

図 8.8 事例 8.3 で導いた単回帰直線の残差グラフ

④ 正規性：残差 e_i の正規確率プロットは，残差e_i を横軸に，期待累積確率 † を縦軸にしたグラフで，プロットが対角線上に並んでいると正規性が成り立っているとします．事例 8.3 の式 (8.10) の単回帰直線の残差 e_i の正規確率プロットは**図 8.9** のようになり，ほぼ正規性が認められます．

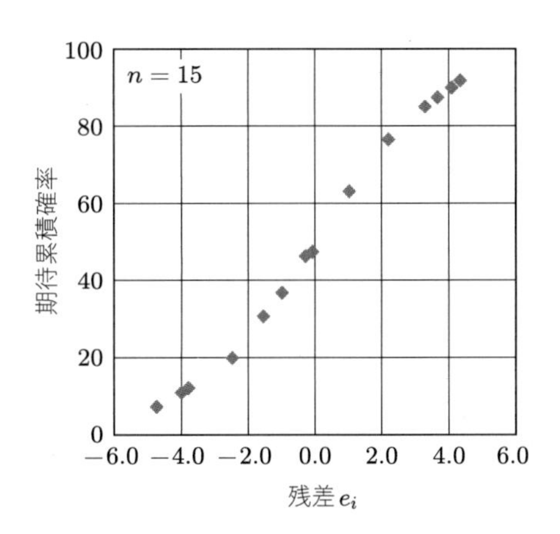

図 8.9 単回帰直線式 (8.10) の残差 e_i の正規確率プロット

† 期待累積確率とは，残差 e_i の平均と標準偏差の値から正規分布関数を生成し，その正規分布関数での残差 e_i までの累積確率をいいます．

8.4 重回帰分析

単回帰分析は，事例8.3の子供の身長と親の身長のように，目的変数 y_i に対して説明変数 x_i が1つでした．それに対し，**重回帰分析**（multiple regression analysis）は，1つの目的変数に対して，説明変数が2つ以上ある場合の予測式を求めます．たとえば，中古不動産の価格 y_i を予測するのに，家の広さや，土地の広さ，築年数，勤務先までの所要時間，車庫の有無などの p 個の説明変数を用います．

8.4.1 行列ベクトル表記による最小2乗法を用いた推定 発展

重回帰分析では，データの構造式として式(8.21)を設定します．そして，単回帰直線と同様に，$e_i = y_i - \hat{y}_i$ の残差e_iができるだけ小さくなるように，最小2乗法の考え方で残差平方和 $\sum_{i=1}^{n} e_i^2$ が最小となる b_0 と各 b_j $(j = 1, 2, \ldots, p)$ を求め，y_i の予測値 $\hat{y}_i$ を導きます（式(8.22)）．

$$y_i = b_0 + b_1 x_{i1} + b_2 x_{i2} + \cdots + b_p x_{ip} + e_i \quad (i = 1, 2, \ldots, n) \tag{8.21}$$

$$\hat{y}_i = b_0 + b_1 x_{i1} + b_2 x_{i2} + \cdots + b_p x_{ip} \quad (i = 1, 2, \ldots, n) \tag{8.22}$$

$\hat{y}_i$ の式は，説明変数1つの単回帰直線と同じ形をしており，b_1〜b_p が傾きに，b_0 が y 切片に対応します．そして，これらを**偏回帰係数**（partial regression coefficient）とよびます．

ここで，x_{ij} に定数1を加えた説明変数の行列を X，目的変数 y_i からなる列ベクトルを Y，偏回帰係数 b_0 と b_1〜b_p の列ベクトルを B，残差 e_i の列ベクトルを E とすると，データの式(8.21)は次式のように表せます．

$$\begin{bmatrix} y_1 \\ y_2 \\ \vdots \\ y_n \end{bmatrix} = \begin{bmatrix} 1 & x_{11} & x_{12} & \cdots & x_{1p} \\ 1 & x_{21} & x_{22} & \cdots & x_{2p} \\ \vdots & \vdots & \vdots & \ddots & \vdots \\ 1 & x_{n1} & x_{n2} & \cdots & x_{np} \end{bmatrix} \begin{bmatrix} b_0 \\ b_1 \\ \vdots \\ b_p \end{bmatrix} + \begin{bmatrix} e_1 \\ e_2 \\ \vdots \\ e_n \end{bmatrix} \tag{8.23}$$

$$\Uparrow \qquad \Uparrow \qquad \Uparrow \qquad \Uparrow$$

$$Y = X B + E \tag{8.24}$$

また，予測値の式(8.22)は

$$\hat{Y} = XB \tag{8.25}$$

となり，これより残差平方和 S_e は次式のようになります．

$$S_e = E^T E = (Y - \hat{Y})^T (Y - \hat{Y}) = (Y - XB)^T (Y - XB) \tag{8.26}$$

この S_e を最小にする偏回帰係数ベクトル B を求めると，次のようになります．

$$B = (X^T X)^{-1} X^T Y \tag{8.27}$$

単回帰直線の傾きが $b_1 = S_{xy}/S_{xx}$ で導けたように，重回帰分析の偏回帰係数の式 (8.23) の B も，分母の S_{xx} に対して $(X^T X)^{-1}$ を，分子の S_{xy} に対して $X^T Y$ をおいた形となり，単回帰直線の回帰係数と同じような形で求められます．

以下の事例を通して，重回帰分析をしてみましょう．ただし，行列計算を行うのは大変なので，ここではExcelの分析ツールを用いる方法を紹介します[†]．

事例 8.4

表 8.5 は，中古不動産価格のデータです（データ数：$n = 23$）．

表 8.5 目的変数・中古不動産価格（単位：百万円）と説明変数とのデータ[32)]

	A	B	C	D	E	F	G	H	I
1	No	土地広さ	家広さ	経過年数	勤務先への時間	最寄駅へバス時間	徒歩時間	車庫有無	中古不動産価格
2	1	98.4	74.2	4.8	5	15	6	0	24.8
3	2	379.8	163.7	9.3	12	0	12	1	59.5
4	3	58.6	50.5	13	16	15	2	0	7
5	4	61.5	58	12.8	16	12	1	0	7.5
6	5	99.6	66.4	14	16	13	5	0	9.8
7	6	76.2	66.2	6	16	23	1	0	13.5
8	7	115.7	59.6	14.7	16	10	4	0	14.9
9	8	165	98.6	13.6	16	14	2	0	27
10	9	215.2	87.4	13.3	16	10	7	1	27
11	10	157.8	116.9	6.7	16	13	6	1	28
12	11	212.9	96.9	3.1	16	10	5	0	28.5
13	12	137.8	82.8	10.3	19	0	20	1	23
14	13	87.2	75.1	11.6	23	5	8	0	12.9
15	14	139.6	77.9	10.5	23	10	3	1	18
16	15	172.6	125	3.8	23	15	5	0	23.7
17	16	151.9	85.6	5.4	28	0	4	1	29.8
18	17	179.5	70.1	4.5	32	5	2	0	17.8
19	18	50	48.7	14.6	37	0	3	0	5.5
20	19	105	66.5	13.7	37	4	11	1	8.7
21	20	132	51.9	13	37	0	6	0	10.3
22	21	174	82.3	10.3	37	0	18	1	14.5
23	22	176	86.1	4.4	37	0	10	1	17.6
24	23	168.7	80.8	12.8	41	5	2	1	16.8

※「車庫有無」では，1は有で0は無を表す．

目的変数を中古不動産価格 y_i とし，土地の広さ x_{i1}，家の広さ x_{i2}，築後経過年数 x_{i3}，勤務先への時間 x_{i4}，最寄駅へのバスの所要時間 x_{i5}，バス停までの徒歩時間 x_{i6}，車庫の有無 x_{i7} の 7 つを説明変数とします．これらのデータをもとに重回帰分析を行います．

† 分析ツールのアドインの登録方法については巻末の付録を参照のこと．

解答

手順1　「回帰分析」の計算ができる形の表を用意する

表8.5のように，Excelシートにデータを入力します．以下ではExcelを操作して計算します[†]．

手順2　Excelで回帰分析を行う

①ツールバーの「データ」→「データ分析」をクリックし，ダイアログボックスから「回帰分析」を選択します．**図8.10**のウィンドウが開きます．

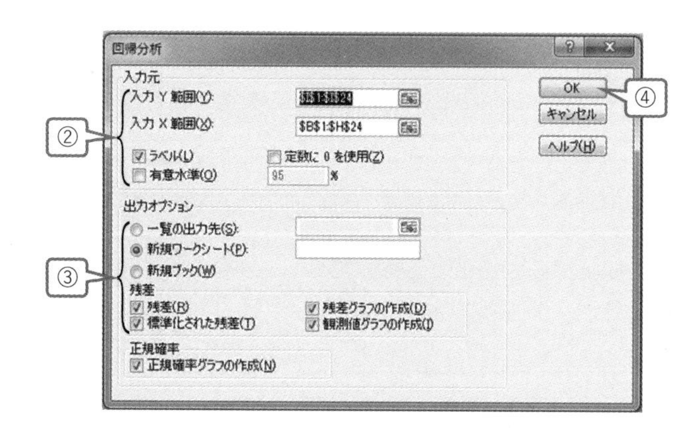

図8.10　「データ分析」の「回帰分析」へのデータ入力

②「入力Y範囲」には目的変数である中古不動産価格のデータ「`$I$1:$I$24`」を，「入力X範囲」には説明変数のデータ範囲「`$B$1:$H$24`」を入力します．シート1行目は変数名なので，「ラベル」に☑を入れます．

③「出力オプション」を「新規ワークシート」とし，「残差」は図8.10に従って☑を入れます．

④「OK」をクリックすると，新規ワークシートに**表8.6**の分析結果が出ます．

手順3　「回帰分析」の結果から要因効果と最適解を推定する

各変数（要因）の選択（有意であるかどうかの判定）は，表8.6のt値の絶対値で判断します．検定に用いるF値は各変数（要因）変動/誤差変動ですが，t値はそのF値の平方根に相当します．そして，各変数（要因）変動が誤差変動の2倍以上

† 重回帰分析において，目的変数に対して影響のある説明変数を見出すには，変数選択を行います．選択の各方法やその各基準の設定などがありますが，その詳細は本書では省略します．

表 8.6　表 8.5 のデータにおける重回帰分析の出力結果

3	回帰統計								
4	重相関 R	0.97939							
5	重決定 R2	0.95920							
6	補正 R2	0.94016							
7	標準誤差	2.83894							
8	観測数	23							
9									
10	分散分析表								
11		自由度	変動	分散	測された分散	有意 F			
12	回帰	7	2842.055	406.0079	50.37565	2.7E-09			
13	残差	15	120.8941	0.059000					
14	合計	22	2962.95						
15									
16		係数	標準誤差	t	P-値	下限 95%	上限 95%	下限 95.0%	上限 95.0%
17	切片	18.9218	5.665249	3.339977	0.004476	6.846606	30.99699	6.846606	30.996989
18	土地広さ	0.063032	0.019053	3.30823	0.004778	0.022421	0.103643	0.022421	0.103643
19	家広さ	0.168706	0.05168	3.26447	0.005226	0.058554	0.278859	0.058554	0.2788586
20	経過年数	−0.28797	0.170838	−1.68565	0.112546	−0.6521	0.076159	−0.6521	0.0761589
21	勤務先への時間	−0.56018	0.09271	−6.0423	2.25E-05	−0.75779	−0.36257	−0.75779	−0.362574
22	最寄駅へバス時間	−0.63007	0.172035	−3.66246	0.00231	−0.99675	−0.26339	−0.99675	−0.263388
23	徒歩時間	−0.44794	0.171937	−2.60528	0.019889	−0.81442	−0.08147	−0.81442	−0.081469
24	車庫有無	2.793834	1.650511	1.692708	0.111172	−0.72415	6.311815	−0.72415	6.3118155

決定係数
F_0 値
有意確率(偶然発生する確率)
t 値

あれば，その変数は有意（効果）であるとみなし，そのときの t 値の絶対値が

$$|t| \geq \sqrt{F\ 値} = \sqrt{各変数変動/誤差変動} = \sqrt{2} = 1.414$$

を満たすかどうかが各変数選択「有意」の基準となります．

表 8.6 から，各変数の t 値の絶対値が 1.414 以上あり，偏回帰係数の正負が固有の理屈に合っているかを確認しましょう．

変数「土地広さ」と「家広さ」の係数は正の数値なので，広いほど中古不動産価格は高くなります．また，変数「経過年数」「勤務先への時間」「最寄駅へバス時間」「徒歩時間」の係数は負の数値なので，年数や時間が大きいほど中古不動産価格が下がります．「車庫有無」は，車庫がある（1）と中古不動産価格が高くなります．

いずれも t 値の絶対値が 1.414 以上あり，係数も理屈にかなっています．この結果は望ましいといえます．

そして，表 8.6 の上部に示されている「回帰統計」は，導かれた重回帰式の精度を示しています．決定係数（寄与率）は $R^2 = 0.95920$ であり，導かれた重回帰式は約 96% のもっともらしさがあることになります．また，重回帰式の有意性を検定するための分散分析表も出力されており，重回帰式が示す変動は誤差変動と同じくらいかを F 分布表を用いて検定すると，F_0 値は 50.37565 と高く，重回帰式が統計的に有意でない（偶然発生した）とする確率が $p = 2.7 \times 10^{-9}$ ときわめて低いことから，求めた重回帰式は有効であるといえます．　□

8.4.2 偏回帰係数（B）の導出 発展

式 (8.26) の S_e は，次のように展開できます．

$$S_e = (Y - XB)^T(Y - XB) = Y^TY - 2B^TX^TY + B^TX^TXB \qquad (8.28)$$

式 (8.28) の S_e を最小にする B を求めるには，単回帰直線と同様に，式 (8.28) を B (b_0，各 b_j) で偏微分して $\mathbf{0}$（ゼロベクトル）とおきます．

$$\frac{\partial S_e}{\partial B} = -2X^TY + 2X^TXB = \mathbf{0} \qquad (8.29)$$

式 (8.29) を次式のように変形すると，式 (8.27) の B が導けます．

$$X^TXB = X^TY \quad \Rightarrow \quad B = (X^TX)^{-1}X^TY \qquad (8.30)$$

なお，説明変数 X の中のある変数が，男性・女性などの質的データなら，男性を 1，女性を 0 として，第 1 章の表 1.2 のように 1 と 0 で表す変数に数値変換して，式 (8.27) から B を導きます．

8.5 重回帰分析の応用：直交配列表の要因解析

Excel「データ分析」の「回帰分析」を用いれば，第 7 章で扱った直交配列表の要因解析も容易に計算できます．

第 7 章の事例 7.10 では混合系直交配列表 $L_{18}(2^1 \times 3^7)$ を用いて要因解析しました．同じ事例を，重回帰分析を用いて要因解析してみましょう．

事例 8.5　事例 7.10 と同じく，働く女性のビール嗜好満足度の要因を検討します．表 7.31 における直交配列表の各水準を 0，1 データに変換（事例 1.1 参照）したものが表 8.7 です．すなわち，該当する水準を 1，該当しない水準を 0 と数値変換しています．表の要因 A～G を説明変数，嗜好満足度 y_i を目的変数として，回帰分析を用いた要因解析を行います．

表 8.7 表 7.31 を，各要因の該当する水準を 1 としたデータ表

	A：容器		B：泡の程度			C：色目			D：ホップの量			F：味感			G：香			[7]	[8]	y_i
実験 No	瓶	缶	粗	普通	細	薄	普通	濃	少	普通	多	コク感	苦み感	キレ感	無	ミント	フルーティ			満足度
1	1	0	1	0	0	1	0	0	1	0	0	1	0	0	1	0	0	1	1	4.6
2	1	0	1	0	0	0	1	0	0	1	0	0	1	0	0	1	0	2	2	3.2
3	1	0	1	0	0	0	0	1	0	0	1	0	0	1	0	0	1	3	3	6.2
4	1	0	0	1	0	1	0	0	1	0	0	0	1	0	0	1	0	3	3	3.2
5	1	0	0	1	0	0	1	0	0	1	0	0	0	1	0	0	1	1	1	7.2
6	1	0	0	1	0	0	0	1	0	0	1	1	0	0	1	0	0	2	2	7.0
7	1	0	0	0	1	1	0	0	0	1	0	1	0	0	0	0	1	2	3	7.3
8	1	0	0	0	1	0	1	0	0	0	1	0	1	0	1	0	0	3	1	4.5
9	1	0	0	0	1	0	0	1	1	0	0	0	0	1	0	1	0	1	2	6.6
10	0	1	1	0	0	1	0	0	0	0	1	0	0	1	0	1	0	2	1	5.1
11	0	1	1	0	0	0	1	0	1	0	0	1	0	0	0	0	1	3	2	6.0
12	0	1	1	0	0	0	0	1	0	1	0	0	1	0	1	0	0	1	3	2.9
13	0	1	0	1	0	1	0	0	0	1	0	0	0	1	1	0	0	3	2	6.2
14	0	1	0	1	0	0	1	0	0	0	1	1	0	0	0	1	0	1	3	7.2
15	0	1	0	1	0	0	0	1	1	0	0	0	1	0	0	0	1	2	1	4.2
16	0	1	0	0	1	1	0	0	0	0	1	0	1	0	0	0	1	1	2	3.9
17	0	1	0	0	1	0	1	0	1	0	0	0	0	1	1	0	0	2	3	6.6
18	0	1	0	0	1	0	0	1	0	1	0	1	0	0	0	1	0	3	1	7.3

解答

手順 1 「回帰分析」の計算ができる形の表を用意する

表 8.7 の各要因の最初の水準列を削除し，「回帰分析」の計算ができるデータ**表 8.8** を作成します．1 行目は各要因の該当水準名で，これらを変数名とします．なお，表 8.7 の [7] [8] 列は要因を配置していないので使いません．

表 8.8 表 8.7 を「回帰分析」の計算ができるように加工したデータ表

	A	B	C	D	E	F	G	H	I	J	K	L	M
1	No.	A:缶	B:普通	B:細	C:普通	C:濃	D:普通	D:多	F:苦味	F:キレ	G:ミント	G:フルー	y_i
2	1	0	0	0	0	0	0	0	0	0	0	0	4.6
3	2	0	0	0	1	0	1	0	1	0	1	0	3.2
4	3	0	0	0	0	1	0	1	0	1	0	1	6.2
5	4	0	1	0	0	0	0	0	1	0	1	0	3.2
6	5	0	1	0	1	0	1	0	0	1	0	1	7.2
7	6	0	1	0	0	1	0	1	0	0	0	0	7.0
8	7	0	0	1	0	0	1	0	0	0	0	1	7.3
9	8	0	0	1	1	0	0	1	1	0	0	0	4.5
10	9	0	0	1	0	1	0	0	0	1	1	0	6.6
11	10	1	0	0	0	0	0	1	0	1	1	0	5.1
12	11	1	0	0	1	0	0	0	0	0	0	1	6.0
13	12	1	0	0	0	1	1	0	1	0	0	0	2.9
14	13	1	1	0	0	0	1	0	0	1	0	0	6.2
15	14	1	1	0	1	0	0	1	0	0	1	0	7.2
16	15	1	1	0	0	1	1	0	1	0	0	1	4.2
17	16	1	0	1	0	0	0	1	1	0	0	1	3.9
18	17	1	0	1	1	0	0	0	0	1	0	0	6.6
19	18	1	0	1	0	1	1	0	0	0	1	0	7.3

手順2　Excelで回帰分析を行う

Excelの操作方法は，事例8.4と同様です．

①「データ分析」から「回帰分析」を選びます．

②「入力Y範囲」には目的変数である満足度 y_i のデータ「`$M$1:$M$19`」を，「入力X範囲」には説明変数のデータ範囲「`$B$1:$L$19`」を入力します．表8.8の上1行目は変数名なので，「ラベル」に☑を入れます．

③「出力オプション」を「新規ワークシート」とし，「残差」は全項目に☑を入れます．「正規確率」も「正規確率グラフの作成」に☑を入れ，結果がすべて出力されるようにします．

④「OK」をクリックすると，分析結果が**表8.9**のように出力されます（グラフなどは省略）．

表8.9　表8.8のデータにおける重回帰分析の出力結果

回帰統計	
重相関 R	0.99764
重決定 R2	0.99529
補正 R2	0.98664
標準誤差	0.18105
観測数	18

分散分析表

	自由度	変動	分散	測された分散	有意 F
回帰	11	41.52111	3.774646	115.1587	4.61E-06
残差	6	0.196667	0.032778		
合計	17	41.71778			

*t*値

	係数	標準誤差	t	P-値	下限 95%	上限 95%	下限 95.0%	上限 95.0%
切片	4.761111	0.147824	32.20803	5.96E-08	4.3994	5.122823	4.3994	5.122823
A:缶	−0.04444	0.085346	−0.52076	0.621188	−0.25328	0.16439	−0.25328	0.16439
B:普通	1.166667	0.104527	11.16137	3.09E-05	0.910898	1.422435	0.910898	1.422435
B:細	1.366667	0.104527	13.07475	1.23E-05	1.110898	1.622435	1.110898	1.622435
C:普通	0.733333	0.104527	7.015721	0.000418	0.477565	0.989102	0.477565	0.989102
C:濃	0.65	0.104527	6.21848	0.000799	0.394231	0.905769	0.394231	0.905769
D:普通	0.483333	0.104527	4.623998	0.0036	0.227565	0.739102	0.227565	0.739102
D:多	0.45	0.104527	4.305101	0.005064	0.194231	0.705769	0.194231	0.705769
F:苦み感	−2.91667	0.104527	−27.9034	1.4E-07	−3.17244	−2.6609	−3.17244	−2.6609
F:キレ感	−0.25	0.104527	−2.39172	0.053899	−0.50577	0.005769	−0.50577	0.005769
G:ミント	0.133333	0.104527	1.275586	0.24926	−0.12244	0.389102	−0.12244	0.389102
G:フルーティ	0.5	0.104527	4.783446	0.003052	0.244231	0.755769	0.244231	0.755769

手順3　「回帰分析」の結果から要因効果と最適解を推定する

各要因は，8.4.1項で述べたように，t 値の絶対値が1.414以上あれば有意です．表8.9では，「A：缶」は $|t| = 0.52076$ と小さいので有意ではありませんが，要因B，C，D，Gで係数が正で大きいほうの水準は，すべて1.414以上で有意です．つま

り，満足度 y_i への効果があります．要因 F の「苦み感」「キレ感」の係数は負で，満足度 y_i へは逆効果ですが，手順 1 で削除した「コク感」の係数は 0 とみなすので，要因 F を「コク感」とすれば満足度 y_i への負の影響はありません．

以上，有意な各要因から満足度 y_i を高める水準（係数の大きいほう）を選択すると，「B：細泡」,「C：色普通」,「D：ホップ普通」,「F：コク感」,「G：フルーティ」となります．これは，事例 7.10 の手順 6 で示した要因効果の結果，および手順 7 で示した最適解 $B_3C_2D_2F_1G_3$ と同じです．

手順 4　直交配列表による結果と「回帰分析」の結果とを比較する

「回帰分析」では表 8.8 のように各要因の最初の水準を削除したので，結果には最初の水準の係数値が表れていませんが，前述（要因 F の「コク感」）のように最初の水準の係数値はいずれも 0 です．そこで，各要因のもつ係数値の平均が 0 になるように各要因の水準係数値を平行移動させて，スコア値として各水準の値を求めます．たとえば，要因 B（泡）の係数値は表 8.9 から水準 1：粗は 0，水準 2：普通は 1.166667，水準 3：細は 1.366667 で，その平均は $(0 + 1.166667 + 1.366667) \div 3 = 0.844445$ となります．これより，水準 1：粗のスコア値は $0 - 0.844445 \fallingdotseq -0.84$，水準 2：普通のスコア値は $1.166667 - 0.844445 \fallingdotseq 0.32$，水準 3：細のスコア値は $1.366667 - 0.844445 \fallingdotseq 0.52$ となります．以下，他の要因の水準のスコア値も同様に求めると，**表 8.10**（b）のスコア値が得られます．

表 8.10　第 7 章の直交配列表結果と今回の「回帰分析」の結果との比較

（a）直交配列表

要因	水準	計	水準平均	スコア値
A：容器	1：瓶	49.8	5.53	0.02
	2：アルミ缶	49.4	5.49	−0.02
B：泡の程度	1：粗	28.0	4.67	−0.84
	2：普通	35.0	5.83	0.32
	3：細	36.2	6.03	0.52
C：色目	1：薄	30.3	5.05	−0.46
	2：普通	34.7	5.78	0.27
	3：濃	34.2	5.70	0.19
D：ホップの量	1：少	31.2	5.20	−0.31
	2：普通	34.1	5.68	0.17
	3：多	33.9	5.65	0.14
F：味感	1：コク感	39.4	6.57	1.06
	2：苦み感	21.9	3.65	−1.86
	3：キレ感	37.9	6.32	0.81
G：香り	1：無	31.8	5.30	−0.21
	2：ミント	32.6	5.43	−0.08
	3：フルーティ	34.8	5.80	0.29

（b）回帰分析

要因	水準	回帰係数	スコア値
A：容器	1：瓶	0.00000	0.02
	2：アルミ缶	−0.04444	−0.02
B：泡の程度	1：粗	0.00000	−0.84
	2：普通	1.16667	0.32
	3：細	1.36667	0.52
C：色目	1：薄	0.00000	−0.46
	2：普通	0.73333	0.27
	3：濃	0.65000	0.19
D：ホップの量	1：少	0.00000	−0.31
	2：普通	0.48333	0.17
	3：多	0.45000	0.14
F：味感	1：コク感	0.00000	1.06
	2：苦み感	−2.91667	−1.86
	3：キレ感	−0.25000	0.81
G：香り	1：無	0.00000	−0.21
	2：ミント	0.13333	−0.08
	3：フルーティ	0.50000	0.29

一方，直交配列表による要因効果の結果である表 7.34 の各要因の水準平均について各要因のもつスコア値として平均が 0 になるように求めた値は，表 8.10 (a) に示す「水準平均」の横の「スコア値」となります．たとえば，要因 A（容器）なら，水準 1：瓶は 5.53，水準 2：アルミ缶は 5.49 で，その平均は $(5.53 + 5.49) \div 2 = 5.51$ です．これより，水準 1：瓶のスコア値は $5.53 - 5.51 = 0.02$，水準 2：アルミ缶のスコア値は $5.49 - 5.51 = -0.02$ となります．

このように，回帰分析による要因解析の結果は，直交配列表による要因解析の結果と一致することがわかります．□

この事例のように，直交配列表による要因解析は，Excel の「回帰分析」を活用すれば容易に行えます．ぜひ活用してみましょう．

本章のまとめ

Excel の「データ分析」を用いると，回帰分析を簡単に行えます．重回帰分析の結果は，偏回帰係数の正負が固有の理屈に合っているかを必ず確認するよう心掛けましょう．なお，「回帰分析」以外にも多くの統計機能があり，本書の事例のほとんどが適用可能です．ぜひ「データ分析」アドインを活用しましょう．

付録　Excel の分析ツール

ツールバーの「データ」に「分析ツール」アドインを登録する方法を，手順に沿って説明します（Windows10，Excel 2010 以降）．

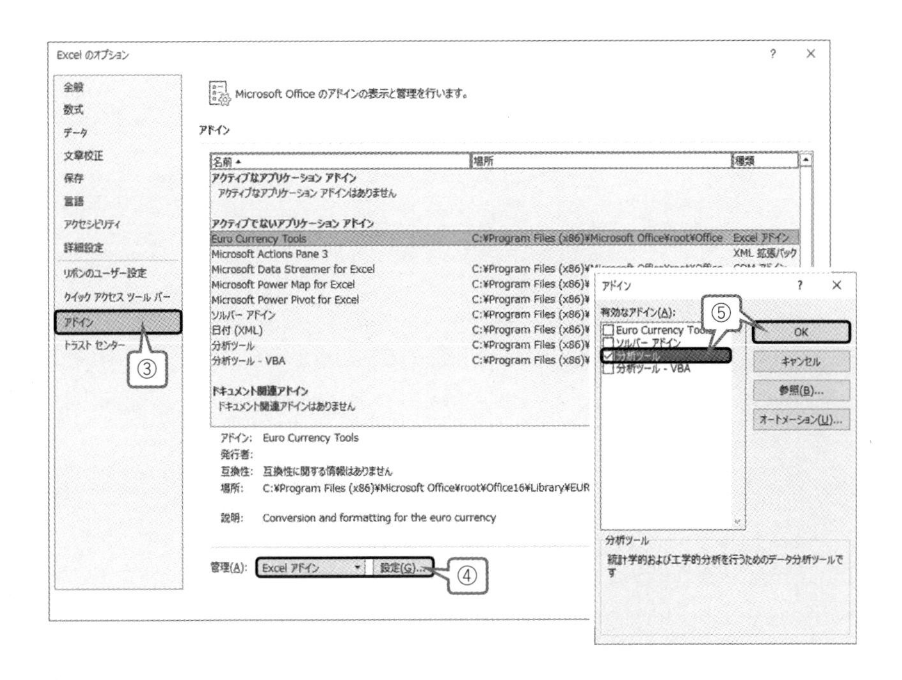

図 A.1　「分析ツール」アドインを登録する手順

① Excel を起動し，ツールバーの「ファイル」をクリック
② 画面左側のメニューから「オプション」を選択
③ オプション画面の左側から「アドイン」を選択（**図 A.1**）
④ 画面の下側にある「管理 (A)」で [Excel アドイン] を選択し，「設定 (G)」をクリック
⑤ アドインウィンドウの「分析ツール」を（他のソルバーなども）選択し，「OK」をクリック

登録が終わると，**図 A.2** のように，ツールバーの「データ」に「データ分析」と表示されます．

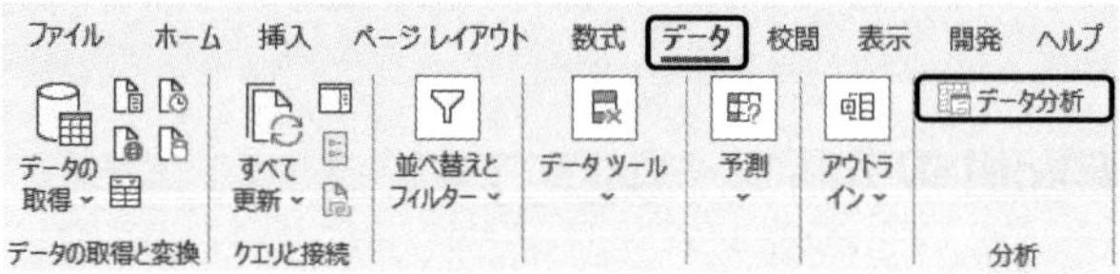

図 **A.2**　「データ分析」の表示

付　表

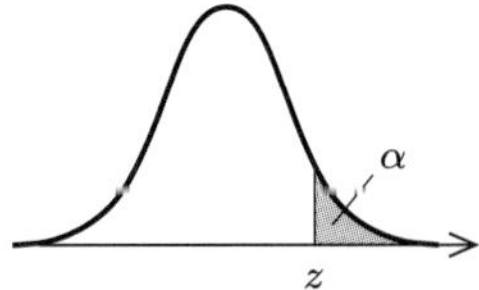

標準正規分布表

z	0	1	2	3	4	5	6	7	8	9
0.0	0.5000	0.4960	0.4920	0.4880	0.4840	0.4801	0.4761	0.4721	0.4681	0.4641
0.1	0.4602	0.4562	0.4522	0.4483	0.4443	0.4404	0.4364	0.4325	0.4286	0.4247
0.2	0.4207	0.4168	0.4129	0.4090	0.4052	0.4013	0.3974	0.3936	0.3897	0.3859
0.3	0.3821	0.3783	0.3745	0.3707	0.3669	0.3632	0.3594	0.3557	0.3520	0.3483
0.4	0.3446	0.3409	0.3372	0.3336	0.3300	0.3264	0.3228	0.3192	0.3156	0.3121
0.5	0.3085	0.3050	0.3015	0.2981	0.2946	0.2912	0.2877	0.2843	0.2810	0.2776
0.6	0.2743	0.2709	0.2676	0.2643	0.2611	0.2578	0.2546	0.2514	0.2483	0.2451
0.7	0.2420	0.2389	0.2358	0.2327	0.2296	0.2266	0.2236	0.2206	0.2177	0.2148
0.8	0.2119	0.2090	0.2061	0.2033	0.2005	0.1977	0.1949	0.1922	0.1894	0.1867
0.9	0.1841	0.1814	0.1788	0.1762	0.1736	0.1711	0.1685	0.1660	0.1635	0.1611
1.0	0.1587	0.1562	0.1539	0.1515	0.1492	0.1469	0.1446	0.1423	0.1401	0.1379
1.1	0.1357	0.1335	0.1314	0.1292	0.1271	0.1251	0.1230	0.1210	0.1190	0.1170
1.2	0.1151	0.1131	0.1112	0.1093	0.1075	0.1056	0.1038	0.1020	0.1003	0.0985
1.3	0.0968	0.0951	0.0934	0.0918	0.0901	0.0885	0.0869	0.0853	0.0838	0.0823
1.4	0.0808	0.0793	0.0778	0.0764	0.0749	0.0735	0.0721	0.0708	0.0694	0.0681
1.5	0.0668	0.0655	0.0643	0.0630	0.0618	0.0606	0.0594	0.0582	0.0571	0.0559
1.6	0.0548	0.0537	0.0526	0.0516	0.0505	0.0495	0.0485	0.0475	0.0465	0.0455
1.7	0.0446	0.0436	0.0427	0.0418	0.0409	0.0401	0.0392	0.0384	0.0375	0.0367
1.8	0.0359	0.0351	0.0344	0.0336	0.0329	0.0322	0.0314	0.0307	0.0301	0.0294
1.9	0.0287	0.0281	0.0274	0.0268	0.0262	0.0256	0.0250	0.0244	0.0239	0.0233
2.0	0.0228	0.0222	0.0217	0.0212	0.0207	0.0202	0.0197	0.0192	0.0188	0.0183
2.1	0.0179	0.0174	0.0170	0.0166	0.0162	0.0158	0.0154	0.0150	0.0146	0.0143
2.2	0.0139	0.0136	0.0132	0.0129	0.0125	0.0122	0.0119	0.0116	0.0113	0.0110
2.3	0.0107	0.0104	0.0102	0.0099	0.0096	0.0094	0.0091	0.0089	0.0087	0.0084
2.4	0.0082	0.0080	0.0078	0.0075	0.0073	0.0071	0.0069	0.0068	0.0066	0.0064
2.5	0.0062	0.0060	0.0059	0.0057	0.0055	0.0054	0.0052	0.0051	0.0049	0.0048
2.6	0.0047	0.0045	0.0044	0.0043	0.0041	0.0040	0.0039	0.0038	0.0037	0.0036
2.7	0.0035	0.0034	0.0033	0.0032	0.0031	0.0030	0.0029	0.0028	0.0027	0.0026
2.8	0.0026	0.0025	0.0024	0.0023	0.0023	0.0022	0.0021	0.0021	0.0020	0.0019
2.9	0.0019	0.0018	0.0018	0.0017	0.0016	0.0016	0.0015	0.0015	0.0014	0.0014
3.0	0.0013	0.0013	0.0013	0.0012	0.0012	0.0011	0.0011	0.0011	0.0010	0.0010

χ^2 分布表

ν \ α	0.995	0.990	0.975	0.950	0.900	0.750	0.500	0.250	0.100	0.050	0.025	0.010	0.005
1	0.0^4393	0.0^3157	0.0^3982	0.0^2393	0.0158	0.1015	0.4549	1.323	2.706	3.841	5.024	6.635	7.879
2	0.0100	0.0201	0.0506	0.1026	0.2107	0.5754	1.386	2.773	4.605	5.991	7.378	9.210	10.60
3	0.0717	0.1148	0.2158	0.3518	0.5844	1.213	2.366	4.108	6.251	7.815	9.348	11.34	12.84
4	0.2070	0.2971	0.4844	0.7107	1.064	1.923	3.357	5.385	7.779	9.488	11.14	13.28	14.86
5	0.4117	0.5543	0.8312	1.145	1.610	2.675	4.351	6.626	9.236	11.07	12.83	15.09	16.75
6	0.6757	0.8721	1.237	1.635	2.204	3.455	5.348	7.841	10.64	12.59	14.45	16.81	18.55
7	0.9893	1.239	1.690	2.167	2.833	4.255	6.346	9.037	12.02	14.07	16.01	18.48	20.28
8	1.344	1.646	2.180	2.733	3.490	5.071	7.344	10.22	13.36	15.51	17.53	20.09	21.95
9	1.735	2.088	2.700	3.325	4.168	5.899	8.343	11.39	14.68	16.92	19.02	21.67	23.59
10	2.156	2.558	3.247	3.940	4.865	6.737	9.342	12.55	15.99	18.31	20.48	23.21	25.19
11	2.603	3.053	3.816	4.575	5.578	7.584	10.34	13.70	17.28	19.68	21.92	24.72	26.76
12	3.074	3.571	4.404	5.226	6.304	8.438	11.34	14.85	18.55	21.03	23.34	26.22	28.30
13	3.565	4.107	5.009	5.892	7.042	9.299	12.34	15.98	19.81	22.36	24.74	27.69	29.82
14	4.075	4.660	5.629	6.571	7.790	10.17	13.34	17.12	21.06	23.68	26.12	29.14	31.32
15	4.601	5.229	6.262	7.261	8.547	11.04	14.34	18.25	22.31	25.00	27.49	30.58	32.80
16	5.142	5.812	6.908	7.962	9.312	11.91	15.34	19.37	23.54	26.30	28.85	32.00	34.27
17	5.697	6.408	7.564	8.672	10.09	12.79	16.34	20.49	24.77	27.59	30.19	33.41	35.72
18	6.265	7.015	8.231	9.390	10.86	13.68	17.34	21.60	25.99	28.87	31.53	34.81	37.16
19	6.844	7.633	8.907	10.12	11.65	14.56	18.34	22.72	27.20	30.14	32.85	36.19	38.58
20	7.434	8.260	9.591	10.85	12.44	15.45	19.34	23.83	28.41	31.41	34.17	37.57	40.00
21	8.034	8.897	10.28	11.59	13.24	16.34	20.34	24.93	29.62	32.67	35.48	38.93	41.40
22	8.643	9.542	10.98	12.34	14.04	17.24	21.34	26.04	30.81	33.92	36.78	40.29	42.80
23	9.260	10.20	11.69	13.09	14.85	18.14	22.34	27.14	32.01	35.17	38.08	41.64	44.18
24	9.886	10.86	12.40	13.85	15.66	19.04	23.34	28.24	33.20	36.42	39.36	42.98	45.56
25	10.52	11.52	13.12	14.61	16.47	19.94	24.34	29.34	34.38	37.65	40.65	44.31	46.93
26	11.16	12.20	13.84	15.38	17.29	20.84	25.34	30.43	35.56	38.89	41.92	45.64	48.29
27	11.81	12.88	14.57	16.15	18.11	21.75	26.34	31.53	36.74	40.11	43.19	46.96	49.64
28	12.46	13.56	15.31	16.93	18.94	22.66	27.34	32.62	37.92	41.34	44.46	48.28	50.99
29	13.12	14.26	16.05	17.71	19.77	23.57	28.34	33.71	39.09	42.56	45.72	49.59	52.34
30	13.79	14.95	16.79	18.49	20.60	24.48	29.34	34.80	40.26	43.77	46.98	50.89	53.67

$t(\nu)$, α

t 分布表

$\nu \backslash \alpha$	0.250	0.200	0.150	0.100	0.050	0.025	0.010	0.005	0.0005
1	1.000	1.376	1.963	3.078	6.314	12.706	31.821	63.657	636.619
2	0.816	1.061	1.386	1.886	2.920	4.303	6.965	9.925	31.599
3	0.765	0.978	1.250	1.638	2.353	3.182	4.541	5.841	12.924
4	0.741	0.941	1.190	1.533	2.132	2.776	3.747	4.604	8.610
5	0.727	0.920	1.156	1.476	2.015	2.571	3.365	4.032	6.869
6	0.718	0.906	1.134	1.440	1.943	2.447	3.143	3.707	5.959
7	0.711	0.896	1.119	1.415	1.895	2.365	2.998	3.499	5.408
8	0.706	0.889	1.108	1.397	1.860	2.306	2.896	3.355	5.041
9	0.703	0.883	1.100	1.383	1.833	2.262	2.821	3.250	4.781
10	0.700	0.879	1.093	1.372	1.812	2.228	2.764	3.169	4.587
11	0.697	0.876	1.088	1.363	1.796	2.201	2.718	3.106	4.437
12	0.695	0.873	1.083	1.356	1.782	2.179	2.681	3.055	4.318
13	0.694	0.870	1.079	1.350	1.771	2.160	2.650	3.012	4.221
14	0.692	0.868	1.076	1.345	1.761	2.145	2.624	2.977	4.140
15	0.691	0.866	1.074	1.341	1.753	2.131	2.602	2.947	4.073
16	0.690	0.865	1.071	1.337	1.746	2.120	2.583	2.921	4.015
17	0.689	0.863	1.069	1.333	1.740	2.110	2.567	2.898	3.965
18	0.688	0.862	1.067	1.330	1.734	2.101	2.552	2.878	3.922
19	0.688	0.861	1.066	1.328	1.729	2.093	2.539	2.861	3.883
20	0.687	0.860	1.064	1.325	1.725	2.086	2.528	2.845	3.850
21	0.686	0.859	1.063	1.323	1.721	2.080	2.518	2.831	3.819
22	0.686	0.858	1.061	1.321	1.717	2.074	2.508	2.819	3.792
23	0.685	0.858	1.060	1.319	1.714	2.069	2.500	2.807	3.768
24	0.685	0.857	1.059	1.318	1.711	2.064	2.492	2.797	3.745
25	0.684	0.856	1.058	1.316	1.708	2.060	2.485	2.787	3.725
26	0.684	0.856	1.058	1.315	1.706	2.056	2.479	2.779	3.707
27	0.684	0.855	1.057	1.314	1.703	2.052	2.473	2.771	3.690
28	0.683	0.855	1.056	1.313	1.701	2.048	2.467	2.763	3.674
29	0.683	0.854	1.055	1.311	1.699	2.045	2.462	2.756	3.659
30	0.683	0.854	1.055	1.310	1.697	2.042	2.457	2.750	3.646

F 分布表 ($\alpha = 0.05$)

ν_2 \ ν_1	1	2	3	4	5	6	7	8	9	10	12	15	20	24
1	161.4	199.5	215.7	224.6	230.2	234.0	236.8	238.9	240.5	241.9	243.9	245.9	248.0	249.1
2	18.5	19.0	19.2	19.2	19.3	19.3	19.4	19.4	19.4	19.4	19.4	19.4	19.4	19.5
3	10.1	9.55	9.28	9.12	9.01	8.94	8.89	8.85	8.81	8.79	8.74	8.70	8.66	8.64
4	7.71	6.94	6.59	6.39	6.26	6.16	6.09	6.04	6.00	5.96	5.91	5.86	5.80	5.77
5	6.61	5.79	5.41	5.19	5.05	4.95	4.88	4.82	4.77	4.74	4.68	4.62	4.56	4.53
6	5.99	5.14	4.76	4.53	4.39	4.28	4.21	4.15	4.10	4.06	4.00	3.94	3.87	3.84
7	5.59	4.74	4.35	4.12	3.97	3.87	3.79	3.73	3.68	3.64	3.57	3.51	3.44	3.41
8	5.32	4.46	4.07	3.84	3.69	3.58	3.50	3.44	3.39	3.35	3.28	3.22	3.15	3.12
9	5.12	4.26	3.86	3.63	3.48	3.37	3.29	3.23	3.18	3.14	3.07	3.01	2.94	2.90
10	4.96	4.10	3.71	3.48	3.33	3.22	3.14	3.07	3.02	2.98	2.91	2.85	2.77	2.74
11	4.84	3.98	3.59	3.36	3.20	3.09	3.01	2.95	2.90	2.85	2.79	2.72	2.65	2.61
12	4.75	3.89	3.49	3.26	3.11	3.00	2.91	2.85	2.80	2.75	2.69	2.62	2.54	2.51
13	4.67	3.81	3.41	3.18	3.03	2.92	2.83	2.77	2.71	2.67	2.60	2.53	2.46	2.42
14	4.60	3.74	3.34	3.11	2.96	2.85	2.76	2.70	2.65	2.60	2.53	2.46	2.39	2.35
15	4.54	3.68	3.29	3.06	2.90	2.79	2.71	2.64	2.59	2.54	2.48	2.40	2.33	2.29
16	4.49	3.63	3.24	3.01	2.85	2.74	2.66	2.59	2.54	2.49	2.42	2.35	2.28	2.24
17	4.45	3.59	3.20	2.96	2.81	2.70	2.61	2.55	2.49	2.45	2.38	2.31	2.23	2.19
18	4.41	3.55	3.16	2.93	2.77	2.66	2.58	2.51	2.46	2.41	2.34	2.27	2.19	2.15
19	4.38	3.52	3.13	2.90	2.74	2.63	2.54	2.48	2.42	2.38	2.31	2.23	2.16	2.11
20	4.35	3.49	3.10	2.87	2.71	2.60	2.51	2.45	2.39	2.35	2.28	2.20	2.12	2.08

参考文献

第 1 章

1) 厚生労働省 (2020)：「2019 年国民生活基礎調査の概況 — 各種世帯の所得等の状況 —」，大臣官房統計情報部，厚生労働省.
2) 読売新聞 (2019)：「基礎からわかる統計調査上・下」，読売新聞朝刊，2019.2.15〜2.16.

第 2 章

3) 野口博司，又賀喜治 (2007)：「社会科学のための統計学」，日科技連出版社，pp.87–92.

第 3 章

4) Neyman, J. & Pearson, E.S (1967)：“On the Use and Interpretation of Certain Test Criteria for Purposes of Statistical Inference, Part I”, reprinted at pp.1–66 in Neyman, J. & Pearson, E.S., *Joint Statistical Papers*, Cambridge University Press (Cambridge), (originally published in 1928).
5) 藤沢偉作 (1975)：「有意水準 5% の謎」，『現代数学』，1975 年 9 月号，pp.70–71.
6) 黒田重雄 (2008)：「再び，『有意水準 5% の謎』を追う」，『北海学園大学経営論集』，5(4): pp.39–48.
7) Fisher, R.A. (1925)：“Statistical Methods for Research Workers”, Oliver and Boyd, pp.44.
8) R. ファインマン (1998)：「科学は不確かだ！」，岩波書店， Feynman, R.P.: “The Meaning of It All”, Persens Books, Inc.

第 4 章

9) Welch, B.L. (1938): “The significance of the difference between two means when the population variances are unequal”, *Biometrika* 29 (3–4), pp.350–362.
10) Welch, B.L. (1947): “The generalization of “student's” problem when several different population variances are involved”, *Biometrika* 34, pp.28–35.
11) Satterthwaite, F.E. (1946): “An Approximate Distribution of Estimates of Variance Components.”, *Biometrics Bulletin* **2**: pp.110–114.
12) Peason, K. (1900): “Probable in a Correlated System of Variables”, Philosophical Magazine Series 5, Vol.50 (302), pp.157–175.

第 5 章

13) Wald, A. & Wolfowitz, J. (1940), “On a test whether two samples are from the same population”, *Ann. Math Statist.* 11, pp.147–162.
14) Wald, A. & Wolfowitz, J. (1943): “An Exact Test for Randomness in the Non-Parametric Case Based on Serial Correlation”, *The Annals of Mathematical Statistics,* Vol. 14, No. 4 (Dec., 1943), pp. 378–388.
15) Kruskal, W.H. & Wallis, W.A. (1952): “Use of ranks in one-criterion variance analysis”, JASA 47, pp.583–621.

16) Wilcoxon, F. (1945): *Individual Comparisons by Ranking Methods.* Biometrics Bulletin 1: pp.80–83.
17) Mood A. M. (1954): On the asymptotic efficiency of certain nonparametric two-sample tests. *The Annals of Mathematical Statistics* 25, pp.514–522.
18) 荒木孝治，米虫節夫 (2010)：「第 9 章 ノンパラメトリック法」，品質管理 BC テキスト，日本科学技術連盟.

第 6 章

19) R.A. Fisher 著，遠藤健児・鍋谷清治 共訳 (2013)：「R.A. フィッシャー実験計画法」POD 版，森北出版.
20) The Lady Tasting Tea (2001): Salsburg D., Henry Holt & Co., NewYork.
21) Dr. Andrew Stapley (2003): 「完璧な紅茶を入れる 11 の法則：10 ミルクをカップの底に入れてから熱い紅茶を注ぐ」George Orwell の生誕 100 年祈念パーティ，BBC News (`http://news.bbc.co.uk/2/hi/uk/3016342.stm`).

第 7 章

22) 田口玄一 (1976)：「第 3 版 実験計画法 上」，丸善株式会社.
23) 田口玄一 (1977)：「第 3 版 実験計画法 下」，丸善株式会社.
24) Satterthwaite, F. E. (1946): “An Approximate Distribution of Estimates of Variance Components”, *Biometrics Bulletin* 2, pp.110–114.
25) 田口玄一，小西省三 (1959)：「直交表による実験のわりつけ方」，日科技連出版社.
26) 矢野耕史 編著，水谷淳之介，山本桂一郎 共著 (2013)：「初学者のための品質工学 — 技術を理解するために — 」，コロナ社.
27) 中條武志，永田靖，稲葉太一 編著 (2006)：「実験の計画と解析」，品質管理と標準化セミナーテキスト，日本規格協会.

第 8 章

28) 日本品質管理学会 編 (1999)：「グラフィカルモデリングの実際」，日科技連出版社.
29) 丸山健夫 (2008)：「ナイチンゲールは統計学者だった！ — 統計の人物と歴史の物語 — 」，日科技連出版社.
30) 安藤洋美 (1997)：「多変量解析の歴史」，現代数学社.
31) Upton, G. & Cook, I. 著，白旗慎吾 監訳，内田雅之，熊谷悦生，黒木学，阪本雄二，坂本亘，白旗慎吾 共訳 (2010)：「統計学辞典」，共立出版.
32) 日本科学技術研修所 編 (1997)：「JUSE-MA による多変量解析」，日科技連出版社.

全章を通して

33) 野口博司 (2015～2017)：連載「基礎から理解する統計学 — QC 検定（1・2 級）を目指して」，2015 年 10 月号から 2017 年 9 月号，月刊誌「標準化と品質管理」，日本規格協会.
34) クラメール 著，池田貞雄 監訳，池田功雄，松井敬 共訳 (1972)：「統計学の数学的方法 (1) — Harald Cramere Mathematical methods of Statistics — 」，東京図書.
35) クラメール 著，池田貞雄 監訳，池田功雄，松井敬 共訳 (1973)：「統計学の数学的方法 (2) — Harald Cramere Mathematical methods of Statistics — 」，東京図書.
36) クラメール 著，池田貞雄 監訳，池田功雄，松井敬 共訳 (1973)：「統計学の数学的方法 (3) — Harald Cramere Mathematical methods of Statistics — 」，東京図書.

索　引

や

ら

著者略歴
野口博司（のぐち・ひろし）
1972 年　京都工芸繊維大学大学院工芸学研究科修士課程修了
1972 年　東洋紡（株）入社，繊維研究所，マーケティング部，TQC 活動推進室，
　　　　技術部を歴任
1998 年　博士（工学）（大阪大学）
2000 年　東洋紡（株）技術部長より流通科学大学へ転職
2015 年　流通科学大学商学部教授を定年退職
現　在　流通科学大学名誉教授

専門分野：主に統計的品質管理

主な著書
単著 (2002)：おはなし生産管理，日本規格協会
単著 (2007)：すぐわかるマネジメント・サイエンス入門，日科技連出版社
共著 (2007)：社会科学のための統計学，日科技連出版社
編著 (2015)：ビッグデータ時代のテーマ解決法 — ピレネー・ストーリー，日科技連出版社
共著 (2015)：新 QC 七つ道具活用術，日科技連出版社
単著 (2018)：図解と数値例で学ぶ多変量解析入門，日本規格協会
共著 (2021)：営業・サービスのデータ解析入門，日科技連出版社　　など

事例で学ぶ 実務者のための統計解析

2023 年 11 月 1 日　第 1 版第 1 刷発行

著者　　　野口博司

編集担当　藤原祐介（森北出版）
編集責任　上村紗帆（森北出版）
組版　　　プレイン
印刷　　　丸井工文社
製本　　　　同

発行者　　森北博巳
発行所　　森北出版株式会社
　　　　　〒102-0071　東京都千代田区富士見 1-4-11
　　　　　03-3265-8342（営業・宣伝マネジメント部）
　　　　　https://www.morikita.co.jp/

ISBN978-4-627-08271-7